陕西国际商贸学院学术著作出版基金资助出版

结晶学与矿物学实验教材

主　编　刘养杰　张丽倩

天津大学出版社
TIANJIN UNIVERSITY PRESS

图书在版编目(CIP)数据

结晶学与矿物学实验教材 / 刘养杰, 张丽倩主编
. -- 天津 : 天津大学出版社, 2021.7（2022.7重印）
陕西国际商贸学院学术著作出版基金资助出版
ISBN 978-7-5618-6862-1

Ⅰ. ①结… Ⅱ. ①刘… ②张… Ⅲ. ①晶体学－实验
－高等学校－教材②矿物学－实验－高等学校－教材
Ⅳ. ①O7-33②P57-33

中国版本图书馆CIP数据核字(2021)第000990号

出版发行	天津大学出版社
地　　址	天津市卫津路92号天津大学内(邮编:300072)
电　　话	发行部:022-27403647
网　　址	www.tjupress.com.cn
印　　刷	北京盛通商印快线网络科技有限公司
经　　销	全国各地新华书店
开　　本	185mm×260mm
印　　张	5.75
字　　数	144千
版　　次	2021年7月第1版
印　　次	2022年7月第2次
定　　价	20.00元

作者简介

刘养杰，男，汉族，陕西礼泉人，陕西国际商贸学院珠宝学院院长，教授、博士生导师，首批国家注册珠宝玉石质量检验师。1984年至今一直承担矿物学、宝石学相关教学与科研工作，曾主持西北大学珠宝研究室建设与质量认证工作。先后出版《陕西省药用矿物》《结晶矿物学》《宝玉石鉴定与市场》等专著4部，发表教学、科研论文60余篇。承担国家"三〇五""七五""八五""九五"科技攻关项目10余项，获陕西省教学成果特等奖、国家四部委优秀成果奖、陕西省教委科技成果奖等多项。先后担任陕西省珠宝实验室评审技术专家、首批陕西省精品课程《矿物学》主持人、陕西省珠宝鉴定中心顾问兼技术负责人、陕西省珠宝玉石首饰行业协会名誉会长等职务。

张丽倩，女，汉族，河北乐亭人，中共党员，副教授，长安大学地球科学与资源学院地质学专业在读博士。现任陕西国际商贸学院珠宝学院副院长，分管教学工作、科研及实验室建设工作。2012年至今先后主编专著2部、教材1部，公开发表论文20余篇，主持、参与教育教学改革课题、科研项目18项，课程建设项目3项。先后担任2019年、2021年全国职业院校技能大赛珠宝玉石鉴定赛项陕西省领队。获得"陕西省高等学校第四届青年教师教学竞赛三等奖""校级讲课大赛一等奖""最美教师""优秀教师"等荣誉12项。

本书编写人员

主编：刘养杰　张丽倩

参编：杨　蓉　胡海燕

韦乐乐　罗芬红

引　　言

结晶学与矿物学是地质相关专业的专业基础课程,《结晶学与矿物学实验教材》的编写旨在对学习该课程的同学有所帮助。

本书分为结晶学实验与矿物学实验两部分,刘养杰教授与张丽倩副教授负责把控全书结构,杨蓉老师负责结晶学实验部分的内容,韦乐乐老师与胡海燕老师负责矿物学实验部分的内容。

本书可作为参考书供学生自学,也可作为实验教材供教师使用。书中部分内容源于公开发表的互联网资料或已公认的基础知识,部分对本书的出版来源无法追溯,未详细标注,在此向资料原作者表示歉意与感谢。另外,陕西国际商贸学院提供了很大的帮助,特此表示衷心的感谢。由于编者水平有限,难免有不足之处,敬请指正。

编者

2021 年 1 月

目　　录

结晶学实验

实验目的

(1)能独立进行晶体模型的分析操作,熟悉晶体外部对称特点,掌握晶体对称分类体系,学会分析单形、聚形和进行晶体定向。

(2)掌握晶体常见晶面、晶棱及单形符号。

(3)掌握晶体内部对称规律及典型结构分析。

(4)掌握结晶学的基本概念、基本理论与方法。

实验要求

(1)实验前必须复习教材或笔记,了解有关理论知识,了解实验目的和实验内容。

(2)带好必要的实验用具(瓷板、小刀、放大镜、笔及笔记本)。

(3)实验中必须认真、仔细地观察晶体模型、矿物标本。

(4)爱惜晶体模型和矿物标本,不得随意破坏。

(5)按时按要求写好实验报告。

(6)以组为单位,整理好晶体模型和矿物标本。

(7)做好实验室环境卫生。

实验一 晶体的对称(一)

一、实验前准备工作

复习教材中“晶体的对称”一章的内容,搞清晶体对称的概念与特点,并思考下列问题。

(1)何谓对称要素与对称操作?

(2)何谓对称面?只要能把图形分为两个相等部分的平面就是对称面吗?为什么?

(3)何谓对称轴?晶体中可能出现的对称轴有哪几种?

(4)何谓对称中心?怎么判断理想晶体有无对称中心?

(5)何谓旋转反伸轴?常用的旋转反伸轴有哪两种?有何特殊意义?它们与其他对称要素有何关系?

二、实验目的与要求

(1)通过对晶体模型的分析,加深对晶体对称概念、对称操作和对称要素的理解。

(2)练习在晶体模型上寻找对称要素,并在找出晶体模型上的全部对称要素后确定其对称型及所属晶系。

三、实验内容与方法

观察晶体模型上面、棱、角的重复规律,找出它的对称要素。

（一）对称面

通过晶体中心，将晶体平分为互为镜像的两个部分的假想平面叫作对称面（用 P 表示）。在晶体模型上选取某一平面，将晶体平分为两个相等的部分，观察这两个相等的部分是否互为镜像关系，若为镜像关系，则该面为对称面，否则不是对称面。晶体可以没有对称面，也可以有一个或几个对称面。在寻找对称面时，尽量不要转动晶体模型，以免遗漏或重复计数。

（二）对称轴

通过晶体中心，旋转一定角度后使晶体发生重复的假想直线叫对称轴。相应的对称操作作为晶体绕直线旋转一定角度后，可使相同部分重复。旋转一周重复的次数称为轴次（n），重复时所旋转的最小角度称为基转角（α），两者之间的关系为 $n=\dfrac{360°}{\alpha}$。

在晶体模型上寻找对称轴时，使晶体围绕通过其中心的某一直线旋转，观察晶体旋转一周（360°）后相同部分的重复特点及重复次数，从而确定该直线为对称轴并确定它的轴次 n。$n>2$ 的对称轴称为高次轴，$n \leqslant 2$ 的对称轴称为低次轴。对称轴用 L 表示，轴次 n 写在它的右上角，记作 L^n。晶体的对称轴只有 L^1、L^2、L^3、L^4、L^6 这五种。如此反复寻找，将晶体的所有对称轴找出。晶体可以没有对称轴，也可以有一个或几个对称轴，并且几个对称轴可以在一个晶体上同时存在。同一方向、不同轴次的对称轴不能重复计数，且只计高次轴，不计低次轴。

（三）对称中心

对称中心为一个假想点，位于晶体中心，用 C 表示。具有对称中心的晶体，其所有晶面必定两两平行，大小相等且延伸方向相反。这可作为判断晶体有无对称中心的依据。

（四）旋转反伸轴

旋转反伸轴为假想通过晶体中心的直线，晶体围绕该直线旋转一定角度后再通过晶体中心的反伸使晶体的相同部分重复。旋转反伸轴用 L_i^n 表示。晶体上常出现的旋转反伸轴为 L_i^4、L_i^6。

L_i^4：由于 L_i^4 中包含着 L^2，当晶体有 L^2 而无对称中心时，使晶体围绕 L^2 旋转 90°，观察旋转前后晶体的面、棱、角相对于晶体中心是否呈反对称关系，是则 L^2 为 L_i^4；否则，L^2 不是 L_i^4。例如，四方四面体上的 L^2 为 L_i^4。

L_i^6：因 $L_i^6=L^3+P_{\perp}$，当有对称面 P 与 L^3 垂直时，此 L^3 应为 L_i^6。例如，三方柱是一个横切面为等边三角形的柱状体，围绕 L_i^6 旋转 60° 后，再通过晶体中心反伸，旋转前的图形与旋转后的图形完全重合。这一结果与使三方柱围绕 L^3 旋转 120° 后再通过垂直于 L^3 的 P 反映的结果完全相同。

注意：旋转反伸轴 L_i^4 或 L_i^6 中包含的 L^2 或 L^3 及与之垂直的 P 不再单独记作对称要素。

四、实验记录格式

分析 8 个给定的晶体模型并进行记录。实验记录格式见表 1.1。

表 1.1 实验记录格式

模型号码	对称轴				对称面	对称中心	对称型	晶系	晶族
	L^2	L^3	L^4 或 L_i^4	L^6 或 L_i^6	P	C			

五、课外作业

(1)归纳各晶族、晶系的晶体对称特点。

(2)指出对称面、对称轴在晶体上容易出露的位置。

(3)中级晶族晶体中是否有 L^2 或 P 与唯一的高次轴斜交的情况？为什么？

(4)当晶体有 L^2 而无对称中心时，能否说此 L^2 必为 L_i^4？当晶体有 P 与 L^3 垂直时，能否说此 L^3 必为 L_i^6？

实验二　晶体的对称(二)

一、实验前准备工作

复习教材中有关对称要素组合规律、对称型的推导及对称型的国际符号、晶体分类等的内容，并思考下列问题。

(1)32 种对称型如何分类？

(2)对称型的国际符号是如何推导出来的？

二、实验目的与要求

(1)练习用对称要素组合规律在晶体模型上寻找对称要素并确定其种类、数目、对称型。

(2)熟练掌握各晶系对称特点、对称要素组合规律、32 种对称型和晶体的对称分类体系。

(3)掌握 32 种对称型的一般符号和国际符号。

(4)练习晶体对称要素的极射赤平投影。

三、实验内容与方法

(一)应用对称要素组合规律确定对称型

先根据晶体模型对称特点确定晶族，再确定晶系与对称型。

(1)若晶体中高次轴 L^n 多于 1 个，则该晶体属于高级晶族、等轴晶系。

①若晶体有 3 个 L^4，则周围必有 4 个 L^3 与之斜交，也有 6 个 L^2 与之垂直或斜交，构成对称型 $3L^44L^36L^2$(432)；若同时有对称面，则有 9 个 P 和 1 个 C，构成对称型 $3L^44L^36L^29PC$($m3m$)。对称型一般符号后括号中的数字与符号为其国际符号。

②若晶体有 3 个相互垂直的 L^2，则必有 4 个 L^3 与之斜交，构成对称型 $3L^24L^3$(23)；若同时有包含 L^2 的对称面 P，则有 3 个 P 和 C，构成对称型 $3L^24L^33PC$($m3$)。

③若晶体有 3 个 L_i^4，则必有 4 个 L^3 与之斜交，必有 6 个 P，构成对称型 $3L_i^4 4L^3 6P(\bar{4}3m)$。

2 若晶体中高次轴仅有 1 个，则该晶体属于中级晶族。若高次轴轴次为 4，则该晶体属于四方晶系；若高次轴轴次为 6，则该晶体属于六方晶系；若高次轴轴次为 3，则该晶体属于三方晶系。

①高次轴 L^n 直立，若有 L^2 与之垂直，则必有 $L^n+L_{\perp}^2 \rightarrow L^n nL^2$，构成的对称型有 $L^4 4L^2$（422）、$L^3 3L^2$（32）和 $L^6 6L^2$（622）。若有包含 L^n 的对称面 P，则必有 $L^n+P \rightarrow L^n nP$，构成的对称型有 $L^3 3P$（$3m$）、$L^4 4P$（$4mm$）和 $L^6 6P$（$6mm$）。若有与 L^n 垂直的 P 且 n 为偶数，则有 $L^n+P_{\perp} \rightarrow L^n PC$，构成的对称型有 L^2PC（$2/m$）、L^4PC（$4/m$）和 L^6PC（$6/m$）。

②中级晶族晶体中，在无 C 的情况下，若有 L_i^4 存在，当有与之垂直的 L^2 时，则构成对称型 $L_i^4 2L^2 2P(\bar{4}2m)$，无 L^2 时则构成对称型 $L_i^4(\bar{4})$。若有 L_i^6 存在，当有与之垂直的 L^2 时，构成对称型 $L_i^6 3L^2 3P(\bar{6}2m)$，无 L^2 时则构成对称型 $L_i^6(\bar{6})$。

3 若晶体中无高次轴，则该晶体属于低级晶族。

低级晶族的对称要素简单，易确定对称型和晶系。

若 $L^2+P \geq 2$，则晶体属于斜方晶系，包括的对称型有 $3L^2$（222）、$L^2 2P$（mm）和 $3L^2 3PC$（mmm）。

若 $L^2+P \leq 2$，则晶体属于单斜晶系，包括的对称型有 L^2（2）、P（m）和 L^2PC（$2/m$）。

若对称要素为 L^1 或 C，则晶体属于三斜晶系，包括的对称型有 L^1（1）和 $C(\bar{1})$。

（二）用目估法完成对称要素的极射赤平投影

投影步骤如下。

（1）画出基圆。

（2）分析对称要素在空间的分布位置，进行对称要素的极射赤平投影。

①对称面投影：用粗线表示。

水平对称面投影在基圆圆周上，直立对称面投影在基圆的直径上，斜交对称面投影在基圆内且形成以基圆直径为弦的大圆弧。

②对称轴（包括反伸轴）投影：用轴图符号表示。

直立对称轴投影在基圆中心，水平对称轴投影在基圆圆周上，斜交对称轴投影在基圆内。

③对称中心投影在基圆中心。

四、实验记录格式

分析 8 个晶体模型，完成晶体对称要素的极射赤平投影并进行记录。实验记录格式见表 2.1。

表 2.1 实验记录格式

模型号码	对称型国际符号	应用的对称要素组合定律	晶族与晶系

五、课外作业

(1)根据各晶系的对称特点及对称要素组合规律推导中、低级晶族的对称型,熟练掌握晶体的分类体系及特征。

(2)完成下列对称型的极射赤平投影:

$m3$　　$6/mmm$　　$4/m$　　222　　mm

实验三　晶体定向与结晶符号

一、实验前准备工作

复习教材中“晶体定向与结晶符号”一章的内容,深刻理解晶轴的选择原则及晶面符号、晶棱符号、晶带符号的含义,并思考下列问题。

(1)何谓晶体定向?

(2)晶轴的选择原则是什么? 各个晶系晶轴的选择方法有什么不同?

(3)三、六方晶系晶体为什么采用四轴定向?

(4)晶面符号、晶棱符号及晶带符号是怎样规定的?

(5)晶带定律的内容是什么?

二、实验目的与要求

(1)熟练掌握晶体的定向原则。

(2)熟练使用各晶系晶轴的选择方法,熟悉各晶系晶体几何常数的特点。

(3)学会确定晶体的晶面符号并掌握晶面符号的书写方法及意义。

(4)学会确定晶棱符号,掌握晶棱符号的意义。

(5)熟悉晶带及晶带定律,能熟练运用晶带定律计算晶面符号及晶带轴符号。

(6)熟悉常见晶面及晶带的极射赤平投影。

三、实验内容与方法

(一)晶轴的选择及晶体几何常数的确定

(1)找出晶体的全部对称要素,确定其所属对称型及晶系。

(2)根据各晶系中不同对称型晶体的具体定向原则确定晶轴的方向、性质。

①在等轴晶系中,选 3 个相互垂直的 L^4(432、$m3m$)、L^2(23、$m3$)或 L_i^4($\bar{4}3m$)作为 X、Y、Z 轴。其晶体几何常数为 $a=b=c, \alpha=\beta=\gamma=90°$。

②在四方晶系中,选唯一的高次轴作为 Z 轴,再选 2 个垂直于高次轴且相互垂直的 L^2、对称面的法线或完好的晶棱作为 X、Y 轴。其晶体几何常数为 $a=b\neq c, \alpha=\beta=\gamma=90°$。

③在斜方晶系中,选 3 个相互垂直的 L^2(222、mmm)或对称面 P 的法线作为 X、Y、Z 轴。其晶体几何常数为 $a\neq b\neq c, \alpha=\beta=\gamma=90°$。

④在单斜晶系中,选唯一的 L^2 作为 Y 轴,再选垂直于 L^2 的晶棱所为 X、Z 轴。其晶体几何常数为 $a\neq b\neq c, \alpha=\gamma=90°, \beta>90°$。

⑤在三斜晶系中,选 3 条相互近于垂直的晶棱作为 X、Y、Z 轴。其晶体几何常数为

$a \neq b \neq c, \alpha \neq \beta \neq \gamma \neq 90°$。

⑥在三、六方晶系中，采用四轴定向，选唯一的高次轴作为 Z 轴，再选 3 个相互夹角间为 120° 且都垂直于高次轴的 L^2 或 P 的法线、晶棱作为 X、Y、U 晶轴。其晶体几何常数为 $a = b \neq c, \alpha = \beta = 90°, \gamma = 120°$。

（二）晶面符号的确定

（1）晶体定向后，根据某一晶面与 3 个或 4 个晶轴的相交关系计算或目测估算出晶面在晶轴上的截距。

（2）用该截距除以相对应的晶轴单位，得到截距系数，再取截距系数的倒数作为晶面指数。

（3）将该截距系数的倒数按 X、Y、Z 的顺序排列并加小括号即构成晶面符号，如（hkl）。小括号中的数字必须最小公约化。

（4）当某一晶面平行于晶轴时，对应的晶面指数为 0。平行晶面的晶面指数绝对值相等，符号相反。

（三）晶棱符号与晶带符号的确定

（1）晶体定向后，取一晶棱平移至晶体中心，再取其在几个晶轴上的截距系数作为晶棱指数，加中括号则构成晶棱符号，如 [rst]。

（2）晶棱指数也必须最小公约化。

（3）当某一晶棱垂直于晶轴时，则对应的晶棱指数为 0。

（四）晶带的确定与晶带定律的计算

（1）晶带为交棱相互平行的一组晶面。该交棱则为晶带轴，其符号为交棱的晶棱符号。

（2）属于同一晶带的晶面投影点必落于一个大圆上。

（3）一个晶面至少同时属于两个晶带；一个晶带至少包括两个不平行的晶面。

（4）晶带定律的内容与计算。

①晶带定律的内容用方程式表示为 $hr + ks + lt = 0$。

②晶带定律的计算方法如下。

已知两个晶面（$h_1k_1l_1$）、（$h_2k_2l_2$），求晶带符号。

$$\begin{array}{c|ccccc|c} h_1 & k_1 & l_1 & h_1 & k_1 & & l_1 \\ & & \times & \times & \times & & \\ h_2 & k_2 & l_2 & h_2 & k_2 & & l_2 \end{array}$$

则 $r = l_1k_2 - k_1l_2 \quad s = h_1l_2 - l_1h_2 \quad t = k_1h_2 - k_2h_1$

（五）晶轴、晶面与晶棱（晶带）的投影

（1）晶轴的投影：按晶体定向将 Z 轴投影于基圆中心，将 X、Y 轴投影于基圆圆周上或基圆内（单斜晶系或三斜晶系）。

（2）晶面的投影：按晶体定向将晶体的晶面法线依次投影于基圆圆周上（平行于 Z 轴的晶面）或基圆内（垂直及斜交于 Z 轴的晶面）。

（3）晶棱（晶带）的投影：平行于 Z 轴的晶棱投影于基圆中心，垂直于 Z 轴的晶棱投影于基圆圆周上两点，与 Z 轴斜交的晶棱投影于基圆内两点，一般只取一点表示。

（4）属于同一晶带的晶面法线的投影点均落在以晶带轴为投影中心的圆弧上。

四、实验记录格式

完成 8 个晶体模型的定向，写出主要晶面、晶棱及晶带的符号，并完成它们的极射赤平投影。实验记录格式见表 3.1。

表 3.1 实验记录格式

模型号码	对称型	晶系	晶族	定向原则（选轴）	晶体几何常数	主要晶面符号	主要晶棱及晶带符号

五、课外作业

（1）晶体定向总原则是什么？试写出各晶系的晶体定向原则及晶体几何常数。

（2）三、六方晶系晶体为什么采用四轴定向？

（3）试证在三、六方晶系晶体中，晶面指数 $h+k+l=0$。

（4）已知两个晶面为（110）、（111），求其所属的晶带及这个晶带上常见的其他晶面。

实验四　单形与单形符号

一、实验前准备工作

复习教材中“单形”一章有关单形的概念、单形的命令、单形符号的写法、单形的推导方法等内容，并思考下列问题。

（1）何谓单形？为什么同一单形的不同晶面具有相同的性质？

（2）何谓几何单形？何谓结晶单形？

（3）单形符号是怎样规定的？

二、实验目的与要求

（1）认识 47 种几何单形的名称和特征。

（2）掌握不同单形在各晶系、晶族中的分布特点。

（3）熟悉单形符号的书写规则与方法。

（4）学会使用对称型进行单形的推导。

（5）学会单形的极射赤平投影。

（6）掌握几何单形与结晶单形的联系与区别。

三、实验内容与方法

(一)认识单形

(1)对照课本上的图形,观察 47 种几何单形的模型,记忆单形的名称。

(2)分析 47 种几何单形中每种单形的晶面数目、晶面的相对位置,晶面的形状、晶面与对称要素之间的关系(平行、垂直、等角度相交、斜交)、单形的横切面形态。

(二)了解单形在各晶族、晶系中的分布情况

单形在各晶族、晶系中的分布情况见表 4.1—表 4.3。

表 4.1　低级晶族中的单形

单形数目	晶系	单形名称
7	三斜	单面、平行双面
	单斜	反映双面、斜方柱、斜方单锥
	斜方	斜方四面体、斜方双锥

注:单面、平行双面在低、中级晶族的各晶系中都可分布。

表 4.2　中级晶族中的单形

<table>
<tr><th rowspan="2">单形数目</th><th rowspan="2">晶系</th><th rowspan="2">柱　类</th><th colspan="2">锥类</th><th rowspan="2">偏方面体类</th><th rowspan="2">偏三角面体类</th></tr>
<tr><th>单锥类</th><th>双锥类</th></tr>
<tr><td rowspan="3">25</td><td>四方</td><td>四方柱
复四方柱</td><td>四方单锥
复四方单锥</td><td>四方双锥
复四方双锥</td><td>四方偏方面体</td><td>复四方偏三角面体</td></tr>
<tr><td>三方</td><td>三方柱
复三方柱</td><td>三方单锥
复三方单锥</td><td>三方双锥
复三方双锥</td><td>三方偏方面体</td><td>复三方偏三角面体</td></tr>
<tr><td>六方</td><td>六方柱
复六方柱</td><td>六方单锥
复六方单锥</td><td>六方双锥
复六方双锥</td><td>六方偏方面体</td><td>—</td></tr>
</table>

表 4.3　高级晶族中的单形

单形数目	晶系	单形名称
15	等轴	四面体、三角三四面体、四角三四面体、五角三四面体、六四面体、八面体、三角三八面体、四角三八面体、五角三八面体、六八面体、立方体、四六面体、菱形十二面体、五角十二面体、偏方复十二面体

(三)区别下列相似的单形和左右形

(1)三方双锥、菱面体、三方偏方面体。

(2)斜方双锥、四方双锥、八面体、四方偏方面体。

(3)斜方四面体、四方四面体、四面体。

(4)斜方柱、四方柱。

(5)复三方柱、六方柱。

(6)复三方双锥、六方双锥、复三方偏三角面体、六方偏方面体。

(7)三角三八面体、四角三八面体、偏方复十二面体。

(8)菱形十二面体、五角十二面体。

(9)三方偏方面体、四方偏方面体、六方偏方面体的左形与右形。

(10)五角三四面体、五角三八面体的左形与右形。

(四)确定单形符号

(1)找出所给单形的对称型并确定其所属晶系、晶族。

(2)对所给单形按各晶系的定向规则进行定向。

(3)写出所给单形的所有晶面符号。

(4)选择某一代表晶面的晶面指数加大括号即构成单形符号{hkl}。选择原则有2个。

①尽可能选择晶面指数全为正数的晶面作为代表晶面。

②尽可能使晶面指数满足 $h \geqslant k \geqslant l$。

例如,立方体单形符号的确定方法是:首先写出立方体的6个晶面符号,分别为(100)、($\bar{1}00$)、(010)、($0\bar{1}0$)、(001)、($00\bar{1}$);然后选(100)面的指数100作为单形指数,并加大括号,则构成立方体单形符号{100}。

(五)单形的推导步骤

(1)作某一个对称型的全部对称要素的极射赤平投影图。

(2)在对称要素将投影图平分的区中选择一个区。

(3)在该区中选择任意一个位置作为原始晶面的投影位置。

(4)通过全部对称要素的作用可推导出该单形的全部晶面。

(5)在同一个对称型中,由于原始晶面与对称要素的位置不同,可以推导出不同的单形。

(6)在每一个对称型中,晶面与对称要素的相对位置最多有7种,从而可推导出的单形只能有7种。

(7)不同晶系或晶族的对称特点不同,表示晶面与对称要素的相对位置不同,7种位置的最小重复区不同。

四、实验记录格式

完成所给单形晶体模型的分析并进行记录。实验记录格式见表4.4。

表4.4 实验记录格式

模型号码	对称型	晶系	晶族	晶体定向	单形符号	单形晶面数	单形名称	单形投影

五、课外作业

(1)何谓单形?几何单形与结晶单形的意义有何不同?

(2)单形符号是怎样规定的?

(3)单形是怎样分类的?

(4)何谓左形、右形?何谓开形、闭形?何谓定形、变形?

(5)何谓一般形、特殊形?

(6)试推导出下列对称型的单形:

23	32
$m3$	$3m$
$43m$	$42m$
$6m2$	$3m$

实验五　聚形分析

一、实验前准备工作

复习教材中“聚形”一节的内容,并思考下列问题。

(1)何谓聚形?

(2)为什么只有属于同一对称型的单形才能相聚?

(3)试判断下列单形中哪些单形可以相聚,哪些单形不能相聚,并说明原因。

四面体与八面体	立方体与四方柱	八面体与四方双锥
菱面体与六方柱	四方柱与斜方柱	立方体与五角十二面体
四面体与菱形十二面体	四面体与斜方四面体	

二、实验目的与要求

(1)深入理解聚形的概念。

(2)深入理解单形相聚原则及属于同一单形的晶面的特征。

(3)掌握从聚形中分析单形的方法及要求。

三、实验内容与方法

(一)实验内容

(1)利用所给的晶体模型(聚形)分析单形的特点,要点为在聚形的理想晶体形态中属于同一单形的晶面具有等大同形的特征。

(2)利用实际矿物晶体(水晶)分析单形的组成特点,要点为属于同一单形的各个晶面的极射赤平投影点通过晶体全部对称要素的作用可以重合。

(二)实验方法与步骤

(1)确定晶体模型或晶体的对称型。

(2)确定对称型所属晶系与晶族。

(3)对晶体模型或晶体进行定向。

(4)确定单形的数目与种类。

在理想晶体形态中,等大同形的晶面属于同一单形,由此可确定单形的数目与种类。

（5）确定单形符号。

对晶体模型或晶体进行定向后，找出晶轴正方向上单形的某一个晶面（该晶面在 *X* 轴上的截距最小，在 *Y* 轴上的截距次之，在 *Z* 轴上的截距最大），确定该晶面的晶面指数并加大括号，即得到这一晶面所属单形的符号。依此类推，确定所有单形的符号。

（6）确定所有单形的名称及晶面数目。

可根据晶体模型或晶体的对称型、单形晶面的形状、晶面与晶轴的相对位置及单形符号来确定单形的名称与晶面数目。

对于某些单形，可通过假想把单形的晶面延长扩大至相交来推断该单形的形状，然后确定单形的名称。

注意：在聚形中单形的晶面形状有所变化，但同一单形的晶面与对称要素关系不变。

（7）检查核对。

只有属于同一对称型的单形才能相聚，在教材中找出该对称型的单形种类、单形名称、单形符号、单形的晶面数目及单形数目，与实验中所确定的单形的内容进行对比，检查自己确定的是否正确。

四、实验记录格式

分析所给晶体模型（聚形）并进行记录。实验记录格式见表 5.1。

表 5.1 实验记录格式

模型号码	对称型	晶系	晶族	聚形分析		
				单形数目	单形名称（晶面数目）	单形符号

五、课外作业

（1）为什么属于同一对称型的晶体可以具有不同的晶体形态？

（2）何谓单形相聚原则？怎样理解在不同的对称型中会出现几何形态相同的单形相聚？

（3）对称型相同、单形相同的聚形晶体的几何形态是否相同？为什么？

（4）写出分析聚形的方法、步骤及注意事项。

（5）已知某些矿物对称型及原始晶面的球面坐标，试作其极射赤平投影，并从投影图上推导出其余的晶面，指出该单形的名称。

①毒砂（$FeAsS_2$）：$2/m$，原始晶面的球面坐标为

$c(\varphi=0°\ 00',\rho=0°\ 00')$

$b(\varphi=0°\ 00',\rho=90°\ 00')$

$a(\varphi=90°\ 00',\rho=90°\ 00')$

$m(\varphi=30°\ 43',\rho=90°\ 00')$

$n(\varphi=90°\ 00',\rho=34°\ 06'\ 30'')$

$o(\varphi=30°\ 43',\rho=52°\ 58'\ 30'')$

$e(\varphi=0°\ 00',\rho=29°\ 41')$

②锐钛矿：4/*mmm*，原始晶面的球面坐标为

$c(\varphi=0°\ 00',\rho=0°\ 00')$

$a(\varphi=0°\ 00',\rho=90°\ 00')$

$m(\varphi=45°\ 00',\rho=90°\ 00')$

$p(\varphi=0°\ 00',\rho=68°\ 18')$

$r(\varphi=45°\ 00',\rho=74°\ 17')$

实验六　晶体规则连生

一、实验前准备工作

复习教材中与晶体的规则连生有关的内容，并思考下列问题。

（1）怎样区别双晶与平行连生？

（2）何谓双晶面、双晶轴、双晶接合面？如何表示它们的空间方位？

（3）何谓双晶律？

（4）如何区别双晶与浮晶？

二、实验目的与要求

（1）掌握双晶的概念、双晶要素与双晶类型，学会用肉眼识别双晶。

（2）学会分析双晶要素。

（3）熟悉常见的双晶律。

（4）理解双晶的形成环境。

三、实验内容与方法

（一）平行连生

观察石英、萤石、方解石、明矾石的平行连生体。

注意：平行连生的晶体个体的对应棱、对应面及对应角顶永远都是相互平行的。

（二）双晶

1. 识别双晶

根据双晶经常出现的凹角、缝合线或双晶纹来识别。

2. 确定双晶类型

根据双晶接合面来鉴别。

接触双晶（包括简单接触双晶、聚片双晶、环状双晶和复合双晶）识别标志：双晶的个体间以规则的平面相接触。

穿插双晶识别标志:组成双晶的个体间接合面不规则。

双晶接合面:用平行于它的晶面的符号表示。穿插双晶的接合面不规则,一般要求定出接合面的总体方向。

首先辨认构成双晶的每一个单体的界线和单体的个数,再找出双晶接合面,按接合面的特征判断双晶类型。

3. 分析双晶要素

(1)确定双晶中某一个单体的对称型、晶系,进行晶体定向。

(2)找出双晶面并确定其方向。

在双晶的相邻两个单体之间,假想有一个平面,若经过反映操作,能使双晶的两个单体重合或平行,则该面为双晶面。

按照单晶体的定向原则确定出双晶面的方向,用平行于某晶面或垂直于某晶棱的形式来表示,例如 石膏的双晶面//(100)。

(3)找出双晶轴并确定其方向。

在双晶的相邻两个单体之间,假想有一条直线,若双晶的一个单体围绕它旋转一定角度或 180° 后可与另一个单体重合、平行或连成一个完整的单晶体,则该直线为双晶轴。按照晶体的定向原则确定出双晶轴的方向,用晶棱符号或垂直于某晶面的形式来表示,例如石膏的双晶轴⊥(100)。

4. 参观矿物陈列馆,观察天然晶体的双晶

参观矿物陈列馆,注意观察下列矿物晶体上出现的凹角、双晶纹、缝合线等,分析其双晶类型和双晶律:磁铁矿(尖晶石律)、锡石(膝状双晶)、方解石(聚片双晶、接触双晶)、石英(道芬双晶、巴西双晶)、石膏(燕尾双晶)、斜长石(聚片双晶)、正长石(卡氏双晶)。

四、实验记录格式

分析所给双晶模型与实际晶体并进行记录。实验记录格式见表 6.1。

表 6.1 实验记录格式

模型号码	双晶类型	双晶中的单晶体		双晶要素方向	
		对称型	晶系与晶族	双晶面	双晶轴

五、课外作业

(1)双晶面与对称面、双晶轴与对称轴有何不同?

(2)为什么双晶面不能平行于单晶体中的对称面?

(3)为什么二次双晶轴不能平行于单晶体中的偶次对称轴?

(4)同种晶体规则连生,只要出现凹角就为双晶的标志,为什么?

(5)双晶有何意义?

实验七 晶体微观对称要素的认识

一、实验前准备工作

复习教材中“晶体结构的几何理论”一章的内容，理解微观对称要素的概念、特点及与宏观对称要素的联系，并思考下列问题。

(1)空间格子、平行六面体、晶胞三者的含义分别是什么？

(2)晶体外形对称与晶体内部结构对称有何联系？有什么区别？

(3)何谓空间群？空间群与点群有何不同？

二、实验目的与要求

(1)理解并掌握晶体内部结构中微观对称要素的特点。

(2)熟悉常见空间群国际符号的书写格式与意义。

(3)学习在晶体结构模型中确定晶系和空间群。

(4)学习在晶体结构模型中确定等效点系、等效点并写出等效点坐标。

(5)用晶体结构模型对照相应的结构图，学会分析晶体内部结构中的对称要素，熟悉空间群国际符号与对称型国际符号的对应关系。

三、实验内容与方法

分析下列矿物晶体结构所属的空间群：石盐 、金刚石、金红石、黄铜矿、石墨和闪锌矿。

(一)分析步骤

(1)确定晶系：在晶体结构模型中，通过寻找相当点找出晶胞，确定 a、b、c、α、β、γ，再根据各晶系晶体常数的特点确定晶系。

(2)确定格子类型：根据晶胞中相当点的分布特征来确定空间(格子类型)(P、C、I、F)。

(3)分析对称要素的分布：对照结构图，通过结构模型分析对称要素的分布，着重找出空间群国际符号中三个位置上的对称要素。

(二)对各矿物晶体结构分析的要求

1. 石盐(NaCl)

在结构模型中找出 $c(m)$、$a+b+c(3)$、$a+b(m)$对称要素，确定其所属空间群。

2. 金刚石(C)

在结构模型中找出 $c(d)$、$a+b+c(3)$、$a+b(m)$对称要素，确定其所属空间群。

3. 金红石(TiO_2)

在结构模型中找出 $c(4_2/m)$、$a(n)$、$a+b(m)$对称要素，确定其所属空间群。

4. 黄铜矿($CuFeS_2$)

在结构模型中找出 $c(\bar{4})$、$a(2)$、$a+b(d)$对称要素，确定其所属空间群。

5. 石墨(C)

在结构模型中找出 $c(6_3/m)$、$a(m)$、$2a+b(c)$对称要素，确定其所属空间群。

6. 闪锌矿（ZnS）

在结构模型中找出 $c(\bar{4})$、$a+b+c(3)$、$a+b(m)$对称要素，确定其所属空间群。

四、实验记录格式

实验记录格式见表 7.1。

表 7.1 实验记录格式

实验模型	晶系	空间群国际符号	空间群圣氏符号	等效点系	等效点坐标	空间群赤平投影

五、课外作业

（1）空间格子与晶胞有什么联系与区别？

（2）试推导出空间格子的种类与数目。

（3）写出 14 种空间格子的分布特征。

（4）微观对称要素有什么特征？

（5）何谓空间群？对称群（点群）与空间群有什么联系与区别？

（6）何谓等效点系？其与单形有什么区别？

实验八 球体堆积与典型结构分析

一、实验前准备工作

复习教材中"矿物晶体化学"一章中的球体紧密堆积理论，了解最常见的球体最紧密堆积方式的特征及表示方法，熟悉球体间的空隙及其分布特征，并思考下列问题。

（1）球体作最紧密堆积的两种基本方式是什么？

（2）当 n 个球作最紧密堆积时，其空隙的形状与数目各是多少？

（3）何谓典型结构？它是怎样得来的？

二、实验目的与要求

（1）熟悉等大球的最紧密堆积方式，熟悉球体间空隙的特征。

（2）熟悉不等大球的紧密堆积特点。

（3）加深理解配位数、配位多面体的特点。

（4）学会分析典型晶体结构模型。

（5）熟悉常见的典型晶体结构，了解典型结构在晶体化学研究中的作用与意义。

三、实验内容与方法

（一）球体最紧密堆积及球体间的空隙

（1）用等大球作立方与六方最紧密堆积，观察它们的最紧密堆积方式、最紧密堆积层的重复特点。

（2）在晶体模型上观察不等大球的紧密堆积特点，包括大球的紧密堆积方式和小球的充填特点。

（3）观察在两种最紧密堆积方式下球体间空隙的种类、数目及分布特点，并将观察、计算结果填入表 8.1 中。

表 8.1 观察记录格式 1

种类	立方最紧密堆积	六方最紧密堆积
层重复规律		
空隙种类		
空隙数目		

（二）典型结构分析（以石盐（NaCl）为例）

1. 确定晶系与格子类型

格子类型由晶体结构中的相当点（即质点种类及周围环境相同的点）的分布来确定，方法是选定结构中任意一点，如在石盐结构中选 Na^+ 作为中心，然后找出所有的相当点，画出单位晶胞，确定其晶系与格子类型（石盐为等轴晶系、立方面心格子）。

2. 确定配位数（即相邻异号或同号离子或原子的数目）

在石盐晶体结构中，Na^+ 的周围有 6 个最近的 Cl^-，则 Na^+ 的配位数（CN）为 6；同样，Cl^- 的周围也有 6 个最近的 Na^+，则 Cl^- 的配位数（CN）为 6。

3. 观察离子配位多面体及连接方式

以一个离子为中心，将其周围与之呈配位关系的离子中心连接起来形成的几何多面体为离子配位多面体。在石盐晶体结构中，Na^+ 的配位多面体为八面体，Cl^- 的配位多面体也为八面体，一般取阳离子的配位多面体。配位多面体之间一般以角顶、棱或面连接。石盐的离子配位多面体之间以棱连接。

4. 计算化学式及单位晶胞分子数（Na^+）

计算方法：晶胞角顶的离子为 8 个晶胞所共有，每个离子仅有 1/8 归属于 1 个晶胞，晶胞的 8 个角顶实际仅有 $1/8 \times 8 = 1$ 个离子；晶胞面上的离子为 2 个晶胞所共有，每个晶胞只占有 1/2 个离子；晶胞内每个离子就占有 1 个；晶胞棱上的离子为 4 个晶胞所共有，每个晶胞占有 1/4 个离子。在石盐晶体结构中，Cl^- 占据 8 个角顶、6 个面心，共有 4 个；Na^+ 占据 12 个棱、1 个心，共有 4 个。即有 4 个 NaCl，$Na^+ = 4$。

分析闪锌矿型、黄铜矿型、赤铜矿型、金红石型、萤石型晶体结构并将分析结果记录于表 8.2 中。

表 8.2 观察记录格式 2

典型结构	晶系	格子类型	紧密堆积方式	配位数		配位多面体	化学式	Z
				阳离子	阴离子			
石盐	等轴	立方 F	ABCABC……	6	6	八面体	NaCl	4

四、课外作业

(1)阳离子的配位数分别是 4、6、8 时,其配位多面体有哪些形状?

(2)计算立方与六方最紧密堆积的空隙率。

(3)同种阳离子在不同的晶体结构中,配位数、配位多面体的形态及连接方式是否相同?为什么?

(4)写出上述晶体结构中配位多面体之间的连接方式,并指出原因。

矿物学实验

实验目的

（1）学会全面观察矿物的形态、物理性质，掌握矿物的肉眼鉴定方法，掌握矿物的成因和用途。

（2）学会准确、熟练地运用矿物术语、素描图描述矿物。

（3）学会肉眼鉴定 110 种常见矿物。

（4）学会用晶体化学知识分析矿物的形态与物理性质。

实验要求

（1）实验前必须复习教材或笔记，了解有关理论知识，了解实验目的和实验内容。

（2）带好必要的实验用具（瓷板、小刀、放大镜、笔及笔记本）。

（3）实验中必须认真、仔细地观察晶体模型、矿物标本。

（4）爱惜晶体模型和矿物标本，不得随意破坏。

（5）按时按要求写好实验报告。

（6）以组为单位，整理好晶体结构模型和矿物标本。

（7）做好实验室环境卫生。

实验一　矿物的形态

一、实验前准备工作

复习教材中“矿物的形态”一章的内容，熟悉晶体的生长习性及矿物单晶体与集合体的形态特点，理解矿物单体形态与其对称性、晶体化学特征及形成环境的联系，并思考下列问题。

（1）何谓晶体习性？

（2）晶体的一向延长、二向延长、三向延长与晶体的结构及形成环境之间有何联系？

（3）常见晶面花纹有哪些？

二、实验目的与要求

（1）通过对同种晶体的理想形态与实际形状的对比，认识它们在几何形态上的异同点，认识晶面花纹。

（2）通过实验熟悉矿物常见的单体形态与集合体形态，初步掌握正确的描述方法。

（3）了解矿物的形态与形成条件的关系。

三、实验内容与方法

（一）观察和记录

观察对比理想晶体（模型）与实际晶体形态，认识晶面花纹。观察以下标本并进行记录,格式见表 1.1。

表 1.1 观察记录格式

矿物名称	晶系	主要单形	晶面花纹
石榴石	$m3m$		
黄铁矿	$m3$		
石英	32		
电气石	$3m$		
重晶石	mmm		
方解石	$\bar{3}m$		
斜长石	$\bar{1}$		

注:晶面花纹具有鉴定意义,可分为原生与次生花纹。

(二)矿物单体形态

矿物单体在空间可发育成三种类型,分别观察它们的延长情况:

(1)一向延长(石英、辉锑矿、电气石);

(2)二向延长(石膏、镜铁矿、石墨);

(3)三向延长(黄铁矿、石榴石)。

注意:晶体形态完好时,要分析其对称型 、晶系、单形名称与符号,观察晶面花纹及双晶。

(三)矿物集合体形态

1. 显晶集合体

按单晶习性划分,显晶集合体包括以下几种形态:

(1)柱状(红柱石);

(2)放射状(阳起石);

(3)板状(重晶石);

(4)粒状(橄榄石)。

2. 隐晶和胶状集合体:

隐晶和胶状集合体主要有以下四种形态。

(1)分泌体(玛瑙);

(2)结核体(白铁矿结核);

(3)鲕状、豆状及肾状体(赤铁矿);

(4)钟乳状体(方解石)。

四、实验注意事项

(1)要根据提示内容认真观察和记录。

(2)在观察矿物集合体形态时,首先确定集合体中的矿物是显晶、隐晶还是胶状的,然后按各自的特点观察并描述其形态。

(3)观察显晶集合体要从单体习性开始,注意同种矿物单体在不同方位的断面可呈现不同的几何形态。因此,要多观察、分析、统计,才能确定单体形态,才能描述集合体的特征。

五、课外作业

(1)同一种矿物的理想形态与实际形态有何异同?

(2)聚形纹与聚片双晶纹有何区别?

(3)如何判断集合体中的单晶形态?

(4)钟乳石可以称为方解石的柱状集合体吗?为什么?

(5)结核体与分泌体的生长方式有什么不同?

(6)单晶体的生长方式与晶体的形态有什么关系?

实验二 矿物物理性质的认识

一、实验前准备工作

复习教材中"矿物的物理性质"一章的内容,了解矿物的光学性质(包括矿物的颜色、条痕色、光泽、透明度)、力学性质(包括矿物的解理、裂理、断口、硬度、密度、弹性、脆性、韧性)及其他物理性质(电性、磁性),熟悉它们的分级与描述方法及影响因素、决定因素,理解它们之间的关系。

二、实验目的与要求

(1)熟悉矿物的各种颜色和条痕色。

(2)认识矿物不同等级的光泽和透明度,初步学会用准确、生动的术语描述矿物的光学性质。

(3)通过观察初步学会识别矿物解理的等级,掌握全面描述解理的内容和方法。

(4)熟悉矿物摩斯硬度计的硬度分级标准,掌握测试矿物相对硬度的方法。

(5)初步学会用手掂量矿物密度的等级的方法,掌握测试矿物磁性的方法。

(6)初步认识矿物裂理与断口的特征。

三、实验内容与方法

(一)矿物的光学性质

1. 颜色

矿物的颜色不易准确识别,会因矿物的厚度、透明度不同而不同。人们习惯用以下三种方法识别并描述矿物的颜色。

(1)标准色谱法:用标准色谱(红、橙、黄、绿、蓝、紫及白、灰、黑)描述矿物的颜色,再根据实际情况加形容词。

(2)类比法:与常见的生物或其他自然物体的颜色相类比,例如用孔雀绿来描述孔雀石的颜色。

(3)二名法:以两种色谱的颜色来命名,主要颜色写在后,次要颜色写在前,例如黄绿色。

在实验中观察矿物的颜色时要注意以下事项。

(1)要区分矿物新鲜面与风化面的颜色,重点在于新鲜面的颜色。

(2)要区别金属色与非金属色,进行正确的类比。

(3)要反复对比,并进行准确、生动、通俗、简练的描述。

2. 条痕色

条痕色即矿物粉末的颜色。将矿物在无釉的瓷板上划动后观察其颜色。矿物条痕色可与矿物原色相同,也可不相同。

注意:划矿物条痕时要对准需鉴定的矿物颗粒,也可用小刀挖下矿物粉末于白纸上观察其颜色。

3. 光泽

光泽反映矿物表面的反光能力,与矿物表面的光滑程度及颜色有关。它可分为单体光泽与集合体光泽。

矿物单体光泽可分为以下四级。

(1)金属光泽:反光强,透光弱,条痕色为黑色或金属色。

(2)半金属光泽:反光较强,半透明,条痕色为深彩色、褐色或深棕色。

(3)金刚光泽:反光强,透光强,条痕色为浅彩色或无色。

(4)玻璃光泽:反光弱,透光极强,条痕色为白色或无色。

矿物集合体光泽可分以下五级。

(1)丝绢光泽:发丝状反光,透光弱。

(2)珍珠光泽:表面具有彩虹色。

(3)油脂光泽:表面有脂肪状反光。

(4)沥青光泽:表面油光发亮。

(5)土状光泽:表面粗糙,暗淡无光。

通过对具有典型光泽的矿物进行反复比较,掌握不同光泽的特征。

注意:矿物集合体的光泽有时是可变的。

4. 透明度

矿物的透明度是相对的。透明度可分为三级:透明、半透明和不透明。影响透明度的因素有杂质、裂隙、包体、矿物颜色、表面风化程度等。

5. 观察矿物的光学性质的内容与要求

(1)金属光泽,金属色,不透明矿物:锡白色—毒砂;铅灰色—方铅矿;钢灰色—辉铜矿;铁黑色—磁铁矿;铜黄色—黄铜矿;浅铜黄色—黄铁矿;古铜色—斑铜矿;暗铜色—磁黄铁矿。

(2)半金属光泽,彩色,半透明矿物: 钢灰色—赤铁矿。

(3)金刚光泽,彩色,半透明—透明矿物:白色—金刚石;褐黄色—闪锌矿;橘红色—雄黄;橘黄色—雌黄;猩红色—辰砂。

(4)玻璃光泽,无色、浅色,透明矿物:无色—石英;黑色—角闪石;橄榄绿色—橄榄石。

(5)集合体光泽:油脂光泽—石英;沥青光泽—褐钇铌矿;丝绢光泽—石棉;珍珠光泽—白云母;土状光泽—高岭石。

6. 观察记录格式

矿物光学性质的观察记录格式见表2.1。

表2.1 观察记录格式

序号	标本号	矿物名称	颜色	条痕色	光泽	透明度
1	J-10	黄铁矿	浅铜黄色	墨绿色	金属	不透明

7. 课外作业

(1)矿物的颜色是怎样产生的?

(2)矿物的颜色、条痕色、光泽、透明度之间有什么联系?为什么?

(3)矿物的条痕色为什么比其颜色稳定?

(4)矿物的颜色、条痕色、光泽、透明度与其化学键有何联系?

(二)矿物的力学与磁学性质

1. 解理

解理为矿物晶体受外力后沿一定的结晶方向裂成一系列光滑平面的性质。解理为矿物固有的性质。

(1)区别矿物晶面与解理面的方法见表2.2。

(2)解理的表征。

表征解理应包括解理的等级、方向、组数、夹角等。解理的方向、组数用单形符号来表示,解理的夹角用<90°、>90°或=90°来表示。例如等轴晶系的石盐{100}表示石盐有(100)、(010)、(001)三个方向的三组立方体解理,且解理的夹角为90°。

解理可分为以下四个等级。

①极完全解理:沿解理方向极易成薄片,矿物晶体上仅有一组,如云母{001}。

②完全解理:沿解理方向易为平面,呈层层阶梯状,矿物晶体上可有数组,如石盐{100}有三组完全解理。

③中等解理:解理面小,阶梯层少,有断口,如文石{010}。

④不完全解理:矿物表面只有断口。

注意:观察解理的组数须在同一单体上。

表2.2 晶面与解理面的区别

晶面	解理面
①晶体最外的一层平面,具有任意方向,在外力作用下会消失; ②晶面光泽暗淡,不太明亮; ③晶面不严格平滑,常带晶面光纹及凹凸不平的痕迹	①晶体上某些特殊方向的平面,在外力作用下可产生连续平行的光滑台阶面; ②解理面光泽明亮,常呈珍珠光泽; ③解理面一般非常光滑,可出现台阶面和具有解理纹

2. 裂理

裂理为矿物受力后沿一定的结晶方向裂成平面的观察，其产生的原因是含杂质及双晶面。同一矿物可有也可无裂理。裂理面较厚，无系列阶梯平面。

3. 断口

断口为矿物受打击后产生无方向、无规律的破裂面的现象，其根据形状可分为贝壳状、锯齿状、参差状等。例如石英为贝壳状断口。

4. 硬度

硬度的确定有相对法与绝对法，常用相对刻划法，工具有矿物摩斯硬度计及指甲、铜针、小刀等。摩斯硬度计的标准矿物是滑石（1）、石膏（2）、方解石（3）、萤石（4）、磷灰石（5）、正长石（6）、石英（7）、黄玉（8）、刚玉（9）、金刚石（10），括号内的数字表示硬度等级。

在实际鉴定时可用更简便的工具，如指甲（摩斯硬度约为 2.5）、铜针（摩斯硬度约为 3）、小刀（摩斯硬度为 55.5）粗略地确定矿物的硬度。

注意：矿物的硬度会因风化、杂质等降低，刻划须在矿物的新鲜面上进行，要用小刀刀尖，刻划时用力不要过大，要爱护矿物标本。

5. 密度

矿物按相对密度分成三级：轻矿物（相对密度小于 2.65）、中密矿物（相对密度为 2.65~4）和重矿物（相对密度大于 4）。

用手掂量矿物，然后与标准矿物相比较。要注意矿物的块度、大小及纯净度。

6. 磁性

矿物的磁性分为三级：强磁性（如磁铁矿）、弱磁性（如铬铁矿）和无磁性（如石英）。常用马蹄形磁铁进行测试。

7. 观察矿物标本

1）解理

（1）认识解理。首先观察方解石、石盐、角闪石、辉石的解理面，然后观察黄铁矿、石榴石、重晶石的晶面与方解石、石盐、萤石的解理面。

（2）确定解理的等级。解理分为以下四个等级：

①极完全解理，如白云母、辉钼矿；

②完全解理，如石盐、方铅矿；

③中等解理，如白钨矿、橄榄石；

④无解理，如石英、石榴石。

（3）确定解理的方向、组数、夹角。观察石盐、萤石、正长石的解理特征。

2）裂理与断口

观察磁铁矿、刚玉的裂理和石英的贝壳状断口。

3）硬度

用摩斯硬度计中的矿物相互刻划，确定级别。用小刀、指甲确定方铅矿、方解石、石英、石墨、重晶石、正长石的硬度。

4)密度与磁性

用手反复掂量上述所有矿物,确定其密度级别。对比石膏、方解石、石榴石、辉钼矿的相对密度。用磁铁吸附磁铁矿、钛铁矿及石英粉末,确定其磁性级别。

8. 观察记录格式

(1)矿物解理的观察记录格式见表2.3。

表2.3 矿物解理的观察记录格式

标本号	矿物名称	解理级别	解理方向	解理组数	解理夹角

(2)矿物相对密度与硬度的观察记录格式见表2.4。

表2.4 矿物硬度与相对密度的观察记录格式

标本号	矿物名称	硬度级别	相对密度

9. 课外作业

(1)解理与裂理有何不同?

(2)指出下列矿物解理的组数与夹角:

方铅矿立方体 {100}　　萤石八面体 {111}

闪锌矿菱形十二面体 {110}　　透辉石斜方柱 {110}

方解石菱面体 $\{10\overline{1}\overline{1}\}$　　方柱石四方柱 {100}

(3)影响矿物硬度的因素有哪些?

(4)影响矿物相对密度的因素有哪些?

(5)确定矿物的硬度时应注意哪些事项?

(6)手掂矿物确定密度级别时需要注意哪些事项?

实验三　矿物的系统观察与描述

一、实验前准备工作

全面复习教学中有关矿物的形态与矿物的物理性质的内容并进行系统总结及广泛联系,熟悉矿物描述的所有内容,熟悉描述矿物特征的术语。

二、实验目的与要求

(1)巩固与提高对矿物的形态、物理性质的肉眼观察能力。

(2)学习对矿物的形态与物理性质的系统描述。

(3)初步了解矿物鉴定特征与系统描述的差别。

(4)初步建立矿物的形态、物理性质与形成条件的关系。

（5）初步了解矿物的用途。

三、实验内容与方法

矿物的肉眼鉴定是学生必须具备的基本能力，也是深入研究矿物、应用矿物的第一步。学会肉眼鉴定矿物，学会对矿物的形态、物理性质进行准确、全面的观察与描述，对开展地球科学与矿物应用的研究是十分必要的。

（1）参观矿物陈列馆。

（2）全面观察下列矿物的形态与物理性质并进行系统描述：

石盐　方铅矿　重晶石　石英　石榴石　正长石　萤石　方解石

（3）描述上述矿物的鉴定特征。

（4）观察矿物单体与集合体的特征，如电气石单晶体与放射状电气石。

参观矿物陈列馆时，首先观察陈列矿物的形态，其次对矿物的颜色、条痕色、光泽、透明度、解理、裂理、断口、硬度、密度及磁性进行系统观察和描述，并了解某些矿物的特殊物理性质，如电气石的焦电性、石英的压电性等，最后了解矿物的鉴定特征与其形态、物理性质之间的相同与差异点。

四、系统观察、记录

注意观察、记录，指出每种矿物的鉴定特征。

五、课外作业

（1）何谓矿物的鉴定特征？它与矿物的形态、物理性质有什么不同？

（2）肉眼鉴定矿物的依据是什么？

（3）矿物的用途主要分为哪些方面？

实验四　自然元素矿物与卤化物矿物

一、实验前准备工作

复习教材中有关自然元素矿物与卤化物矿物的内容。

二、实验目的与要求

（1）深入理解并掌握自然元素矿物和卤化物矿物的典型结构类型以及这些结构类型对矿物的形态和物理性质的影响。

（2）掌握主要矿物（带★者）的鉴定特征，学会观察和准确描述这些特征。

（3）熟悉这些矿物的形成环境与条件。

（4）掌握主要矿物的用途。

三、实验内容与方法

借助小刀、放大镜等工具鉴定下列矿物。

（一）自然金★（Gold, Au）

化学成分：主要成分为 Au，常含 Ag 等可与 Au 发生类质同象置换的元素。

成色：表示自然金化学成分中金所占的比例，用千分数表示（成色 =Au/（Au+Ag+ 其他组分)×1 000);自然金成色越高,形成的地壳环境深度越大。

晶体结构:等轴晶系;对称型 $m3m$;Au 原子呈立方最紧密堆积,CN = 12。

鉴定特征:多呈不规则粒状等形态;呈金黄色;具强金属光泽;硬度小;密度很大;无解理;延展性强;为热和电的良导体;熔点高。

成因与用途:自然金多形成于热液矿床中,在外生作用下可形成砂金;它是金的主要来源,可用于货币、首饰及精密仪器零件。

1982 年 5 月,河南省郑州市登封县农民屈怀西在采集农药时发现一块长方形刻字金属片,将其上交国家,后经鉴定,该金属片是武则天的"除罪金筒",是我中国目前发现的唯一一枚金筒,填补了考古史上的空白。

(a)

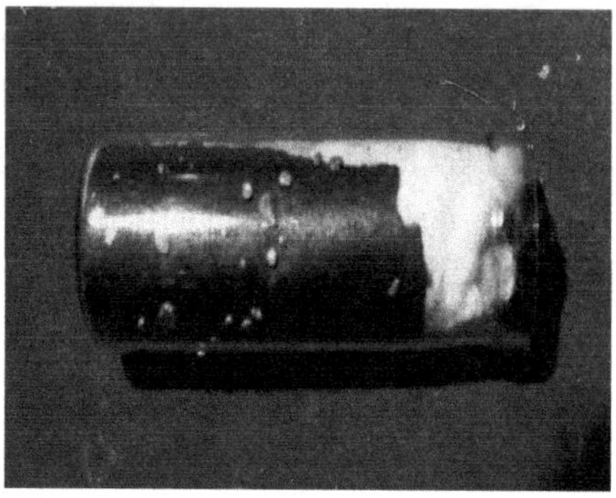

(b)

图 4.1 自然金

(二)自然银*(Silver,Ag)

化学成分:主要成分为 Ag,常含 Au、Cu、Hg 等可与 Ag 发生类质同象置换的元素。

晶体结构:等轴晶系;对称型 $m3m$;铜型结构,$CN = 12$。

鉴定特征:完整晶体少见,多呈树枝状或块状;呈银白色;具金属光泽(图 4.2);硬度小;密度大;无解理;具延展性;为热与电的良导体;熔点高。

成因与用途:自然银常形成于中、低温热液矿床中,也见于硫化物矿床氧化带中;自然银为银的来源之一,常用于首饰。

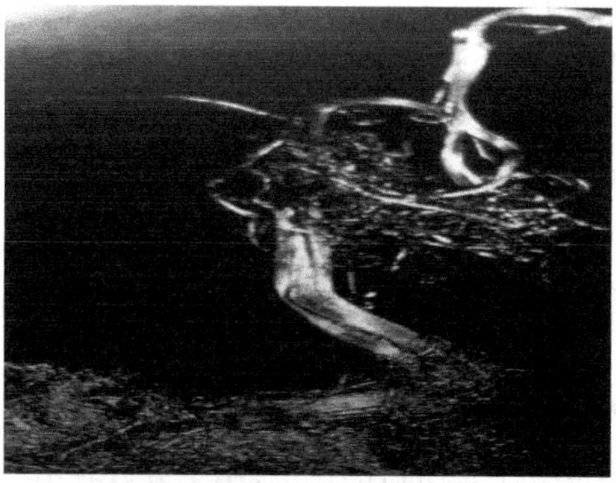

图 4.2 自然银

(三)自然铜*(Copper,Cu)

化学成分:主要成分为 Cu,可含有 Au、Ag 等组分。

晶体结构:等轴晶系;对称型 $m3m$;铜原子呈立方最紧密堆积 CN = 12。

鉴定特征:完整晶体少见,多呈树枝状、致密块状等(图 4.3);呈铜红色;具金属光泽;;硬度小;密度大;无解理;具延展性;为电、热的良导体;熔点高。

成因与用途:自然铜可形成于各种地质作用的还原条件下,在氧化条件下不稳定;其量大时可作为铜矿石。

4 000 多年前,中国人已经开采铜矿石炼铜,到殷商末年,已经铸造出 832.84 kg 重的司母戊鼎。

(a)

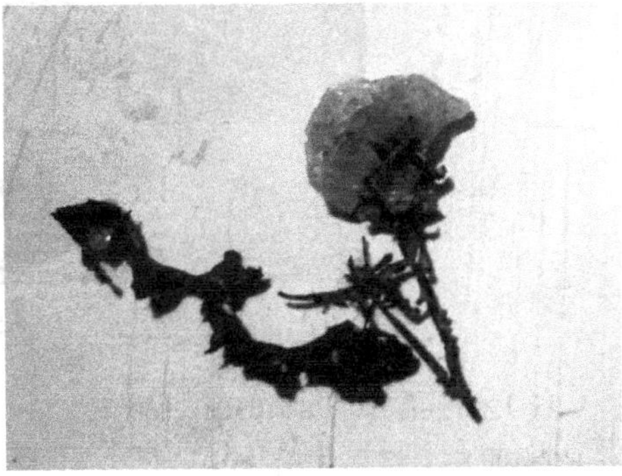

(b)

图 4.3　自然铜

(四)自然铂*(Platinum,Pt)

化学成分:主要成分为 Pt,可含有 Ir、Pd、Rh 等混入元素。当含 Fe 8.8%~18.5% 时,称之为粗铂矿。

晶体结构:等轴晶系;对称型 $m3m$;铜型结构,CN = 12。

鉴定特征:较少见立方体;呈银白色(图 4.4);具强金属光泽;硬度中等;密度极大;延展性强;为电和热的良导体;熔点高。

成因与用途:自然铂形成于超基性岩、基性岩的有关矿床中,在外生作用下可形成砂矿;其可作为贵金属材料。

图 4.4　自然铂

（五）自然铋（Bismuth，Bi）

化学成分：主要成分为 Bi，常含 Fe、Pb、Sb、Te、S 等元素。

晶体结构：三方晶系；对称型 $\bar{3}m$；变形的铜型结构。

鉴定特征：晶体呈菱面体形状，聚片双晶（图 4.5）；常呈粒、块状；呈银白色；条痕为锡白色；具金属光泽；硬度小；密度大；解理 {0001} 完全；具有抗磁性。

成因与用途：自然铋常形成于高温热液矿床中；为铋金属的来源之一。

图 4.5 自然铋

（六）金刚石★（Diamond，C）

化学成分：主要成分为 C，常含 N、B 等杂质。

晶体结构：等轴晶系；对称型 $m3m$；一部分 C 形成立方状紧密堆积，另一部分 C 充填在半数的四面体空隙中，CN = 4。

鉴定特征：晶体呈八面体、菱形十二面体及其聚形；常呈浑圆状形态（图 4.6）；晶体颗粒不大，重量大于 1 克拉称为大钻，大于 100 克拉称为特大级钻；无色透明（或带有蓝、红、黄等色调）；具金刚光泽；硬度大；密度中等；性脆；解理 {111} 中等；导热性特好；色散强。

成因与用途：金刚石形成于高温高压超基性岩（金伯利岩、钾镁煌斑岩）中；其可分为宝石级与工业级，工业级金刚石是尖端技术工业必需的原料之一，宝石级金刚石又称为钻石，为高档首饰与价格昂贵的收藏品。

"常林钻石"是我国现存最大的一颗天然钻石，重 158.786 克拉，1977 年由农民魏振芳翻地时发现，后被献给了国家，成为我国的国宝，现收藏于中国人民银行。

（七）石墨★（Graphite，C）

化学成分：主要成分为 C，含有大量的混入物。

晶体结构：三方晶系，对称型 $\bar{3}m$（3R 型）；六方晶系，对称型 $6/mmm$（2H 型）；C 原子沿平面排列成六方环状网层，层与层之间以金属键和分子键连接。

鉴定特征：晶体呈六方片状，；常呈鳞片状或块状（图 4.7）；呈黑色；具半金属光泽；硬度特小；极完全解理 {0001}；密度小；有滑感；易污手；有良好的导电性。

成因与用途：石墨形成于高温还原条件下，产于有关变质煤系地层中；其主要用于坩埚、电极、原子能工业中的减速剂等方面。

（a）（b）（c）（d）（e）

图 4.6　金刚石

（a）（b）

图 4.7　石墨

(八)自然硫*(Sulfur,S)

化学成分:主要成分为S,常有泥质、有机质混入物及以类质同象方式进入的Se、Te元素。

晶体结构:斜方晶系;对称型*mmm*;硫分子由8个硫原子以共价键结合形成八原子环,环之间以分子键相连。

鉴定特征:单晶体呈厚板状;常为块状或粉末状集合体;呈黄色;具金刚光泽,断口呈油脂光泽(图4.8);硬度小;性脆;密度小;有可燃性。

成因与用途:凝华作用、生物沉积作用、硫化物矿床氧化带都可形成自然硫;它是制造硫酸的主要原料,还可用于造纸、纺织、橡胶、炸药、化肥等工业中。

(a)

(b)

图4.8 自然硫

(九)萤石*(Fluorite,CaF_2)

化学成分:主要成分为CaF_2,可含稀土元素Y、Ce等,也含有Al_2O_3、SiO_2、Fe_2O_3等混入物,还有微量的Cl、U、CO_2等物质。

晶体结构:等轴晶系;对称型*m3m*; Ca^{2+}呈立方最紧密堆积,F^-占据所有的四面体空隙;{111}方向出现相邻的同号离子层F^-形成{111}完全解理;Ca(CN)=8,F(CN)=4。

鉴定特征:晶体呈立方体(碱性)、八面体(中性)、菱形十二面体(酸性)的单形与聚形(图4.9);常见有两个立方体依{111}相互穿插的双晶;呈绿、紫、黄等色,也有无色的;透明;具玻璃光泽;具有{111}完全解理;硬度较小;密度中等;性脆;具有发光性。

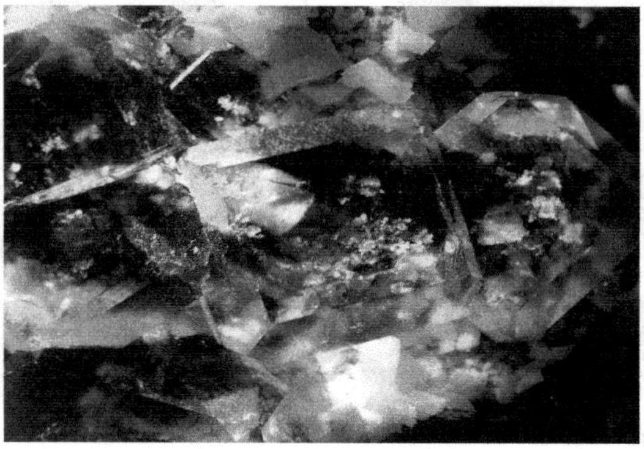

图4.9 萤石

成因与用途：主要产于中、低温热液矿床中；可作为冶金工业熔剂、化学工业制取氟的原料，也可作为光学材料，致密晶质者可作为雕刻工艺品的原料。

（十）冰晶石（Cryolite，Na_3AlF_6）

化学成分：主要成分为 Na_3AlF_6，可含 K 等杂质元素。

晶体结构：单斜晶系；对称型 2/*m*。

鉴定特征：常呈假立方体晶形；集合体呈块状及粒状；呈无色或白色；具玻璃至油脂光泽；硬度小；密度中等。

成因与用途：主要产于伟晶岩中；为炼铝的溶剂。

（十一）石盐★（Halite，NaCl）

化学成分：主要成分为 NaCl，常含 Br、Rb、Cs、Sr 等元素及机械包裹体。

晶体结构：等轴晶系；对称型 *m*3*m*；Cl^- 作立方最紧密堆积，Na^+ 充填其所有八面体空隙；具有典型的离子键；Cl（CN）= 6，Na（CN）= 6。

鉴定特征：晶体常呈立方体；外形如珍珠的粒状集合体称珍珠盐；无色，含杂质时呈各种颜色；透明；具玻璃光泽，风化面具油脂光泽；具有 {100} 完全解理；硬度小；密度小；易溶于水；味咸。

成因与用途：产于干旱的内陆盆地盐湖或浅水泻湖、海湾中，产于滨海泻湖者称海盐，产于内陆湖泊者称池盐，产于地下卤水者称井盐，形成于古代大陆气候的石盐称岩盐；常用作调味剂及食品防腐剂，是制取苏打、盐酸、金属钠的化工原料。我国以柴达木盆地所产石盐最为著名。

（十二）钾石盐★（Sylvine，KCl）

化学成分：主要成分为 KCl，常含有 Br、Rb、Cs 等呈类质同象置换关系的元素及气、液、固态包裹体。

晶体结构：等轴晶系；对称型 *m*3*m*；结构属氯化钠型，其中 Na^+ 的位置被 K^+ 代替；K（CN）= 6，Cl（CN）= 6。

鉴定特征：晶体常呈立方体或立方体与八面体聚形；集合体呈块状或粒状；无色；含铁密度小；易溶于水；易潮解；味苦涩；性脆。

成因与用途：主要产于干涸盐湖中，数量比石盐少；主要作为制造钾肥和各种含钾化合物的原料。

（十三）光卤石★（Carnallite，$KMgCl_3 \cdot 6H_2O$）

化学成分：主要成分为 $KMgCl_3 \cdot 6H_2O$，常含有 Br、Rb、Cs、Li、Ti 等呈类质同象置换关系的元素和一些机械混合物、杂质。

晶体结构：斜方晶系；对称型 *mmm*。

鉴定特征：晶体呈假六方锥形；常见粒状或致密块状集合体；无色，常含铁呈红色；具玻璃光泽，在空气中易潮解而具油脂光泽；断口呈贝壳状；硬度小；密度极小；具强荧光性；易溶于水；味辛、辣、苦、咸。

成因与用途：为富 Mg、K 盐湖中最后形成的矿物，常产于沉积盐层最上部；是制取钾肥和提取金属镁的原料。

（十四）角银矿（Chlorargyrite，AgCl）

化学成分：主要成分为 AgCl，可含有 Hg、Br 等元素。

晶体结构：等轴晶系；对称型 $m3m$；结构属氯化钠型，其中 Na^+ 的位置被 Ag^+ 代替；Ag（CN）= 6，Cl（CN）= 6。

鉴定特征：晶体呈立方体形；常见皮壳状或角质状块体；无色至黄色，暴露在日光下变为暗灰色至紫褐色；具金刚光泽；硬度小；密度大；具有塑性和柔性；易被小刀切割；无解理。

成因与用途：产于干热地区银硫化物矿床氧化带中，由银硫化物氧化形成的含银硫酸盐与下渗的含氯地表水化合而成；可作为提取银的原料。

（十五）氟镁石（Sellaite，MgF_2）

化学成分：主要成分为 MgF_2，可含 Ca 等元素。

晶体结构：四方晶系；对称型 $4/mmm$。结构为金红石型，其中 Mg^{2+} 代替了金红石型结构中的 Ti^{4+}，F^- 代替了结构中的 O^{2-}；Mg（CN）= 6，F（CN）= 3。

鉴定特征：晶体常呈柱状及粒状；依 {011} 呈膝状双晶发育；呈白色；具玻璃光泽；半透明；{110} 完全解理；硬度具有异向性；密度中等；具有荧光性；不导电。

成因与用途：主要形成于火山熔岩和火山喷发物中，也可产于高、中温热液矿床和矽卡岩矿床中；因与金矿等密切相关，现经常用于金矿等的研究中。

四、实验报告内容与要求

认真观察所提供的每一块标本，并完成实验报告，报告内容与要求如下。

内容：包括标本号、矿物名称（中英文）、晶体化学式、结构型、离子配位数、晶系、晶类、鉴定特征、成因和主要用途。

要求：观察细致，分析准确，记录仔细，字迹清楚，爱护标本。

五、课外作业

（1）写出自然元素矿物的化学成分、晶体结构与其形态及物理性质的联系。

（2）写出卤化物矿物的化学成分、晶体结构与其形态及物理性质的关系。

（3）为什么自然金、自然铜无解理？

（4）金刚石与石墨成分同为 C，为什么二者物理性质差异那么大？

（5）指出萤石、石盐发生解理的原因。

实验五　硫化物及类似化合物矿物

一、实验前准备工作

复习教材中“硫化物及类似化合物矿物”一章的内容。

二、实验目的与要求

（1）深入理解硫化物矿物的基本结构类型（包括配位多面体的形状与连接方式等）及它们对硫化物矿物的形态、物理性质的决定作用，学会用典型结构类型分析矿物的形态与物理性质。

（2）掌握常见硫化物矿物（带★者）的鉴定特征，学会观察及准确描述这些特征。

（3）了解主要硫化物矿物的形成环境、条件及主要用途。

三、实验内容与方法

借助小刀、瓷板、磁石、放大镜等工具鉴定下列矿物。

（一）辉银矿★（Argentite，Ag_2S）

化学成分：主要成分为 Ag_2S，可含少量的 Pb、Fe、Cu 等元素。

晶体结构：等轴晶系；对称型 $m3m$；属反萤石型结构；Ag（CN）= 4，S（CN）= 8。

鉴定特征：晶体呈立方体、八面体、四角三八面体及其聚形（图 5.1）；常见块状体；呈铅灰色；有金属光泽；{100}、{110} 不完全解理；硬度小；具延展性；密度大。

成因与用途：属热液成因矿物；为提取银的矿物原料。

图 5.1 辉银矿

（二）辉铜矿★（Chalcocite，Cu_2S）

化学成分：主要成分为 Cu_2S，常含 Ag。

晶体结构：高温等轴晶系，对称型 $m3m$，属反萤石型结构；高温六方晶系，对称型 6/mmm，S^{2-} 呈六方紧密堆积，Cu_1（CN）= 6，Cu_2（CN）= 4；低温斜方晶系，对称型 $mm2$。

鉴定特征：呈假六方形的短柱状或厚板状；常见块状或粉末状；呈铅灰色；有金属光泽；硬度小；密度大；导电性良好。

成因与用途：可形成于热液成因的铜矿床中，也可见于外生的沉积层控铜矿中及硫化物矿床氧化带下部；为提取铜的重要矿物原料。

（三）闪锌矿★（Sphalerite，ZnS）

化学成分：主要成分为 ZnS，常混入 Fe、Mn、Cd、In、Tl、Ga、Ce 等元素，富含铁者称为铁闪锌矿。

晶体结构：等轴晶系；对称型 $\bar{4}3m$；S^{2-} 作立方紧密堆积，Zn^{2+} 充填半数的四面体空隙；{110} 为 Zn^{2+} 与 S^{2-} 的电性中和面；Zn、S（CN）= 4。

鉴定特征：单晶常呈正负四面体聚形，也呈菱形十二面体晶形；集合体呈粒状；呈浅黄

(树脂黄)色、棕色、黑色;有树脂至半金属光泽;{110}解理完全;硬度较小;密度中等;不导电。

成因与用途:闪锌矿常形成于热液矿床中;是主要的Zn矿石原料,单晶体可作为紫外窗口发光材料。

(四)辰砂*(Cinnabar, HgS)

化学成分:主要成分为HgS,常含少量Se和Te。

晶体结构:三方晶系;对称型32;属变形的氯化钠型结构;Hg、S(CN)=6;平行于c轴方向有S—Hg—S—Hg—螺旋状排列,使其具有旋光性;螺旋状排列内部Hg与S的化学键的键能大于外部的化学键,使晶体有$\{10\bar{1}0\}$解理。

鉴定特征:晶体呈菱面体或厚板状;集合体常呈粒状,块状、粉末状等;呈鲜红色;条痕色为猩红色;具金刚光泽;半透明;$\{10\bar{1}0\}$完全解理;硬度小;密度大;不导电;具旋光性。

成因与用途:仅产于低温热液矿床中,可形成砂矿;是最主要的汞矿石矿物,单晶可作为激光调制晶体。

(五)黄铜矿*(Chalcopyrite, $CuFeS_2$)

化学成分:主要成分为$CuFeS_2$,含有Ag、Au、Mn、As、Se、Te、Ge、Ga、In、Ni等混入元素。

晶体结构:四方晶系;对称型$\bar{4}2m$;晶体结构为闪锌矿的衍生结构,即闪锌矿结构中Zn^{2+}的位置被Cu^{2+}、Fe^{2+}有序地充填;Cu、Fe(CN)=4,S(CN)=4。

鉴定特征:单晶体呈四方四面体、四方偏三角面体,晶面出现条纹;呈铜黄色,表面呈金属锖色;条痕色为绿黑色;具金属光泽;硬度较小;性脆;密度较大;导电。

成因与用途:黄铜矿主要形成于岩浆(超基性、基性岩浆)、接触交代矿床、热液矿床及沉积层状铜矿床中;是提取铜的主要矿物原料。

(六)磁黄铁矿*(Pyrrhotite, $Fe_{1-x}S$)

化学成分:主要成分为$Fe_{1-x}S$,含有Ni、Co、Mn、Cu、Pb等机械混入元素,为非计量硫化物。

晶体结构:六方晶系;对称型$6/mmm$;结构为NiAs型;S^{2-}呈六方紧密堆积,Fe^{2+}或Fe^{3+}充填八面体空隙;S、Fe(CN)=6。

鉴定特征:单晶体呈六方板状或柱状;常呈致密块状或浸染状集合体;呈暗青铜黄色,表面呈暗褐的金属锖色;条痕色为灰黑色;具金属光泽;硬度较小;密度较大;导电性好;有强磁性。

成因与用途:常形成于基性岩、超基性岩、接触交代矿床及热液矿床中;主要作为制造硫酸的原料,含镍量高时可综合利用。

(七)辉锑矿*(Antimonite, Sb_2S_3)

化学成分:主要成分为Sb_2S_3,常含少量As、Bi、Pb、Fe、Cu等机械混入元素。

晶体结构:斜方晶系;对称型mmm。晶体具有链状结构,具{010}完全解理,Sb(CN)=7,S(CN)=3。

鉴定特征:单晶体呈柱状、针状,柱面有明显的纵纹;集合体呈放射状;呈钢灰色;具金属光泽；{010} 完全解理，解理面有横纹；硬度小；密度较大 。

成因与用途：主要形成于中、低温热液矿床中，也见于温泉沉积物及火山凝华物中；是提取锑的重要矿物原料。我国湖南新化锡矿山为世界最大的辉锑矿产地。

（八）辉铋矿*（Bismuthinite，Bi_2S_3）

化学成分：主要成分为 Bi_2S_3，可含 Pb、Cu、Sb、Se 等呈类质同象置换关系的元素。

晶体结构：斜方晶系；对称型 *mmm*；晶体结构为辉锑矿型，Bi、S（CN）= 3。

鉴定特征：常呈长柱状至针状，晶面有纵纹；集合体呈致密块状；呈锡白色，表面呈黄色或斑状锖色；具金属光泽；硬度小；{010} 完全解理；密度大。

成因与用途：主要形成于钨锡高温热液矿床和接触交代矿床中；为提取铋的重要矿物原料。

（九）雄黄*（Realgar，As_4S_4（AsS））

化学成分：主要成分为 As_4S_4，可含 Sb、Se、V、Ge、Hg 等与 As 呈类质同象置换关系的元素。

晶体结构：单斜晶系；对称型 2/*m*；具有分子型结构，As_4S_4 构成环状分子，环间以分子键相连；S（CN）= 2，As（CN）= 3。

鉴定特征：单晶体呈细小针状、柱状体；常呈致密状集合体；呈橘红色，日照后变为红黄色；晶面具有金刚光泽，断口具有树脂光泽；透明至半透明；硬度小；{010} 完全解理；密度中等；性脆。

成因与用途：雄黄主要产于低温热液矿床中，少量产于温泉沉积物和硫质喷气沉积物内，外生可形成于煤层中；可作为中药，也可用作农药、颜料、制造玻璃的氧化剂。

（十）辉钼矿*（Molybdenite，MoS_2）

化学成分：主要成分为 MoS_2，常含 Re 和 Se 等与 Mo 呈类质同象置换关系的元素。

晶体结构：六方晶系（2H 型），对称型 6/*mmm*；三方晶系（3R 型），对称型 $\bar{3}m$ 。层状结构，由 [MoS_6] 八面体共棱形成层，层内为共价键、金属键，层间为分子键；层间产生平行于 {0001} 的极完全解理；Mo（CN）= 6，S（CN）= 6。

鉴定特征：晶体呈六方板状、层状；底面上有条纹；集合体呈鳞片状；颜色为铅灰色；条痕色为黄绿色；具金属光泽；{0001} 极完全解理；硬度小；密度大；薄片具挠性；具滑感。

成因与用途：主要产于中、高温热液矿床及矽卡岩型、石英脉型矿床中；是提取钼、铼的主要矿物原料。我国钼矿储量居世界首位，其中最著名的产地位于辽宁、陕西。

（十一）黄铁矿*（Pyrite，FeS_2）

化学成分：主要成分为 FeS_2，常有 Co、Ni 等与 Fe、As、Se、Te 呈类质同象置换关系的元素，也含 Cu、Ag、Au 等机械包裹体。

晶体结构：等轴晶系；对称型 *m*3；结构为 NaCl 型结构的衍生结构，呈哑铃状且轴向不同的 S_2^{2-} 代替 NaCl 型结构中 Cl^- 的位置而 Fe^{2+} 则占领 Na^+ 的位置。

鉴定特征：晶体为立方体、五角十二面体，立方体晶面上有条纹；呈浅铜黄色，表面常呈黄褐色锖色；条痕色为绿黑色；有强金属光泽；无解理；硬度大；密度大；有些变种具有检波性。

成因与用途：可形成于各种地质条件下，但在热液作用下易富集；是制造硫酸的主要原料，可综合利用其中的 Cu、Ag、Au、Ni 元素。

（十二）白铁矿（Marcasite，FeS_2）

化学成分：成分主要为 FeS_2，常含 As、Sb、Bi、Ni、Co、Cu 等混入元素。

晶体结构：斜方晶系；对称型 *mmm*；晶体结构中的 Fe^{2+} 位于斜方格子的角顶和中心，哑铃状 S_2^{2-} 之轴向与 *c* 轴斜交，它的两端位于 Fe^{2+} 围成的两个三角形的中心；Fe（CN）=6，S（CN）=2。

鉴定特征：晶体呈板状、双锥状、短柱状及矛头状，晶面常见平行于 *c* 轴的条纹；呈淡黄铜色，新鲜面呈锡白色；条痕色为灰绿色；具金属光泽；性脆；硬度大；密度较大；具弱导电性。

成因与用途：常形成于低温热液矿床中，外生成因于泥质、泥沙质或碳质地层中；为提取硫或制造硫酸的矿物原料。

（十三）毒砂*（Arsenopyrite，FeAsS）

化学成分：主要成分为 FeAsS，常含 Co、Ag、Au、Cu、Pb、Bi 等元素。Co 含量达 12% 的毒砂称钴毒砂。

晶体结构：单斜晶系；对称型 2/*m*；结构由白铁矿结构衍生而来，即以 AsS^{2-} 替代 S_2^{2-}。

鉴定特征：晶体常呈柱状，柱面上有平行于 *c* 轴的条纹；呈锡白色；条痕色为灰黑色；具金属光泽；无解理；性脆；硬度大；密度大；灼烧后具磁性；锤击有蒜臭味。

成因与用途：多形成于高、中温热液矿床中，也可形成于接触交代矿床中；为提取砷及制取各种砷化物的原料。

（十四）黝铜矿（Tetrahedrite，$Cu_{12}Sb_4S_{13}$）

化学成分：主要成分为 $Cu_{12}Sb_4S_{13}$，其中 As 与 Sb 可形成完全类质同象系列，可含 Ag、Zn、Fe、Hg、Co 等与 Cu 呈类质同象置换关系的元素，也有 Se、Te 等与 S 呈类质同象置换关系的元素。

晶体结构：等轴晶系；对称型 $\bar{4}3m$；晶体为衍生闪锌矿型结构。

鉴定特征：晶体呈四面体形态；为块状、粒状集合体；呈钢灰色至铁黑色；具金属至半金属光泽；性脆；硬度中等；密度大；有弱导电性。

成因与用途：常产于中、低温热液矿床中，也见于矽卡岩矿床中；可作为铜矿石原料。

四、实验报告内容与要求

实验报告内容与要求和自然元素矿物的相同。

注意：硫化物矿物的颜色多样，其条痕色变化频繁，要仔细观察，准确描述。

五、课外作业

（1）试述硫化物矿物的化学组成、晶体结构（配位多面体的构成、连接方式）与其形态、物理性质的关系。

（2）对硫化物矿物的硬度为什么比单硫化物矿物的大？

（3）为什么硫化物矿物多具有金刚与金属光泽？

（4）为什么含铁硫化物矿物大多数为无磁性矿物？

（5）指出不同硫化物矿物的形成环境并说明原因。

（6）硫化物矿物有哪些衍生结构矿物？它们与各自的原生结构矿物相比有什么特征？

（7）试解释方铅矿、闪锌矿、辉锑矿、雌黄矿、辉钼矿、黄铁矿的形态、物理性质与其晶体化学的关系。

（8）硫化物矿物中哪些颜色是锡白色、铅灰色、钢灰色？如何区别？

（9）硫化物矿物中哪些具有金刚光泽？为什么？

（10）黄铜矿与黄铁矿的次生矿物是什么？有何地质意义？

实验六　氧化物及氢氧化物矿物

一、实验前准备工作

复习教材中“氧化物及氢氧化物矿物”一章的内容。

二、实验目的与要求

（1）深入理解结构类型的特点，学会分析它们对氧化物及氢氧化物矿物的形态与物理性质的制约作用。

（2）掌握主要氧化物及氢氧化物矿物（带★者）的鉴定特征，学会观察并能准确、细致、科学地描述这些特征。

（3）了解主要氧化物及氢氧化物矿物形成的地质环境、条件，了解它们的主要用途。

三、实验内容与方法

借助小刀、瓷板、磁石、放大镜等工具鉴定下列矿物。

（一）赤铜矿★（Cuprite，Cu_2O）

化学成分：主要成分为 Cu_2O，常含 Fe、Si、Al 等混入元素。

晶体结构：等轴晶系；对称型 $m3m$；晶体结构中 O^{2-} 位于晶胞角顶和中心，Cu^+ 位于晶胞均分的八个小立方体相间分布的四个小立方体中心；O（CN）= 4，Cu（CN）= 2。

鉴定特征：晶体为立方体、八面体、菱形十二面体的聚形；颜色为红色至黑色；条痕色为棕红色；具金刚至半金属光泽；性脆；硬度中等；密度大。

成因与用途：赤铜矿为含铜硫化物的次生产物，常形成于含铜硫化物矿床氧化带内；可作为铜矿石原料。

（二）刚玉★（Corundum，α-Al_2O_3）

化学成分：主要成分为 Al_2O_3，常含有 Fe、Ti、Cr、Mn、V、Si、Ga 等与 Al 呈类质同象置换关系的元素。

晶体结构：三方晶系；对称型 $\bar{3}m$；晶体结构中 O^{2-} 作六方最紧密堆积，堆积层垂直于三次轴，而 Al^{3+} 充填 2/3 的八面体空隙；$[AlO_6]$ 在平行于（0001）的方向上共棱成层，在平行于 c 轴的方向上共面或共角顶；Al（CN）= 6，O（CN）= 6；Al—O 键具有明显的共价键特性。

鉴定特征：晶体常呈腰鼓状或短柱状，柱面和底面上有晶面条纹；常呈蓝色或黄色，含

Cr 呈红色者称红宝石，含 Fe 和 Ti 呈蓝色者称蓝宝石，无色者称白色蓝宝石，含 Co、Ni、V 呈绿色者称绿色蓝宝石，含 Ni 呈黄色者称黄色蓝宝石，当(0001)面上定向排列有金红石包体时呈六射星光者称星光宝石；具玻璃至金刚光泽；硬度大；无解理；密度较大；抗风化、抗腐蚀性强。

成因与用途：刚玉主要形成于高温富铝贫硅的环境下，可形成于岩浆作用、伟晶作用、接触变质作用和区域变质作用中；可作为高级研磨材料和精密仪器的轴承材料，晶形完好、颜色美丽、透明无瑕者可作高档的宝石原料。

（三）赤铁矿*（Hematite，Fe_2O_3）

化学成分：主要成分为 Fe_2O_3，常含有 Ti、Al、Mn 、Ca 、Mg、Co 等呈类质同象置换关系的元素。

晶体结构：三方晶系；对称型 $\bar{3}m$；晶体结构为刚玉型，只是结构中的 Fe^{3+} 代替了 Al^{3+} 的位置。

鉴定特征：集合体呈鳞片状、片状，具有金属光泽者称镜铁矿，在胶体作用下可形成鲕状、肾状、豆状等集合体；结晶质呈铁黑至钢灰色；隐晶质呈暗红色；条痕呈樱红色；具金属至半金属光泽或土状光泽；硬度较大；密度大；抗风化性强。

成因与用途：赤铁矿为 Fe 在氧化条件下的产物，可形成于岩浆、热液、沉积变质作用中，尤以沉积区域变质作用形成的规模最大，在氧浓度较低的条件下，赤铁矿可被还原为磁铁矿（称穆磁铁矿）；它可作为提取铁的矿石，也可用作染料、画料。

（四）钛铁矿*（Ilmenite，$FeTiO_3$）

化学成分：主要成分为 $FeTiO_3$，常含 Mn、Mg、Nb、Ta 等与 Fe 呈类质同象置换关系的元素。

晶体结构：三方晶系；对称型 $\bar{3}$；晶体结构为刚玉型结构的衍生结构，相当于刚玉晶体结构中的 Al^{3+} 被 Fe^{3+}、Ti^{3+} 交替取代；Fe、Ti(CN) = 6，O(CN) = 3。

鉴定特征：晶体呈不规则粒状、鳞片状或厚板状也有致密块状体；颜色为铁黑色或钢灰色；条痕呈黑色；具金属至半金属光泽；无解理；硬度大；性脆；密度大；具弱磁性。

成因与用途：钛铁矿主要形成于超基性、基性岩浆作用和碱性伟晶岩中；可作为提取钛的矿物原料。

（五）锑华（Valentinite，Sb_2O_3）

化学成分：主要成分为 Sb_2O_3，常含 H_2O 等机械混合物。

晶体结构：斜方晶系；对称型 *mmm*；链状结构，在 *c* 轴方向上无限延伸的 $[Sb_2O_3]_8$ 链彼此平行排列。

鉴定特征：晶体常呈柱状、片状、羽毛状、粒状、土块状或皮壳状；颜色为无色、白色或黄褐色；条痕呈白色；具金刚光泽，解理面呈珍珠光泽；解理平行 {110} 完全；硬度小；性脆；密度较大 。

成因与用途：锑华为典型的氧化带矿物，为辉锑矿经风化而形成的产物；可作为寻找原生硫化物矿床的标志。

（六）金红石★（Rutile，TiO_2）

化学成分：主要成分为 TiO_2，含有 Fe、Nb、Ta、Sn、Cr、V 等与 Ti 呈类质同象置换关系的元素。含 Fe 者称铁金红石，富含 Nb、Ta 者称铌钽金红石。

晶体结构：四方晶系；对称型 4/*mmm*。结构中 O^{2-} 作六方最紧密堆积，Ti^{4+} 位于畸变八面体空隙中。[TiO_6] 八面体沿 *c* 轴方向共棱相连成链，链间共用 [TiO_6] 八面体，其角顶相连。其棱的方向可改变，形成特有的膝状双晶。Ti（*CN*）= 6，O（*CN*）= 3。

鉴定特征：晶体呈完好四方柱状或针状晶形，柱面上有纵纹，膝状双晶常见；颜色呈红褐或黑色，黄、橘黄色也常见；条痕呈浅黄至浅褐色；具金刚至半金属光泽；{110} 解理完全；硬度较大；密度较大；性脆；具有强抗风化性。

成因与用途：金红石主要产于高温的伟晶作用和热液作用形成的矿床中；可形成于区域变质岩石中，也可形成砂矿。金红石为提取 Ti 的重要矿物原料，也可作为优质电焊条、钛粉原料。

（七）锡石★（Cassiterite，SnO_2）

化学成分：主要成分为 SnO_2，常含 Fe、Nb、Ta、Mn、Sc、Ti、Zr、W、In、Ga、Ce 等元素。

晶体结构：四方晶系；对称型 4/*mmm*。结构属于金红石型，只是在结构中 Sn^{4+} 代替了 Ti^{4+} 的位置；Sn（*CN*）= 6，O（*CN*）= 3。

鉴定特征：晶体常呈四方双锥或双锥柱状聚形，膝状双晶也常见；也可呈针状、长柱状形态。颜色呈红褐色，含 Fe 者呈黑色，含 Nb、Ta 者呈沥青黑色，含 W 者呈蜡黄色；条痕呈白色至褐色；具金刚光泽，断口呈油脂光泽；透明至半透明；硬度大；{110} 解理完全；密度特大；性脆；具有很强的抗风化性。

成因与用途：锡石主要形成于花岗岩型、气化热液型、接触交代型的高温矿床中，可形成砂矿。锡石是提取锡的主要矿物。我国锡石主要产地为云南的个旧地区。

（八）晶质铀矿★（Uraninite，UO_2）

化学成分：主要成分 UO_2，可含 Th、Pb、Ra、He、Ce、Y 等与 U 呈类质同象置换的元素。富 Th 者称钍铀矿，富 Y 者称钇铀矿。

晶体结构：等轴晶系；对称型 *m*3*m*。结构为萤石型，只是在结构中 U^{4+} 代替 Ca^{2+}；O^{2-} 代替 F^-。U（*CN*）= 8，O（*CN*）= 4。

鉴定特征：晶体小，为立方体、八面体、菱形十二面体聚形；集合体呈钟乳状及土状；呈肾状、钟乳状的隐晶质或非晶质者称沥青铀矿；颜色呈黑、灰黑、褐黑色或绿黑色；具有蜡状至树脂光泽；硬度大；性脆；密度特大；具有强放射性；具有弱磁性。

成因与用途：晶质铀矿常产于花岗伟晶岩和正长伟晶岩中，也产于高、中温热液矿床中，为提取铀和镭的矿物原料。

为了给我国第一颗原子弹提供原料，老一辈地勘人可谓踏遍了中国的每一个角落，为我国做出了巨大贡献。

石英是 *α*- 石英（低温石英）和 *β*- 石英（高温石英）的总称。一般不加特殊说明的“石英”可以是 *α*- 石英。

（九）石英★（α-Quartz，SiO_2）

化学成分：含少量 Fe、Al、Mg、Li、Na、K、B、Ge 等元素，也含有方铅矿、闪锌矿、金红石、方解石、磁铁矿等固体包体。

晶体结构：三方晶系；对称型 32。结构中 Si^{4+} 与 O^{2-} 形成 $[SiO_4]$ 四面体，以角顶相连，在 c 轴方向呈螺旋状排列，并有左、右旋之分。结构的左、右旋与形态的左、右形的沿用习惯相反。Si(CN)＝4，O(CN)＝2。

鉴定特征：晶体常呈柱状，柱面有横纹，形态可发生变化；石英双晶发育，常见有道芬双晶、巴西双晶；集合体常呈致密块状、粒状、晶簇状；隐晶者呈结核状、晶腺状、皮壳状等；颜色常为无色，颜色变化大；透明；具玻璃光泽，断口呈油脂光泽；无解理，断口呈贝壳状；硬度大；密度小；具有压电性和焦电性；抗风化性强；亲水、亲油性强。

成因与用途：α- 石英是地壳中分布最广泛的矿物，各种地质作用都可以形成。石英呈无色透明且没有包体，裂炼时可作压电材料；也可作震荡元件和光学材料，颜色美丽的晶体也可作宝石原料。

1. α- 石英包括以下亚种

水晶：无色透明的晶体。

紫晶：呈紫色的水晶。

黄水晶：呈金黄色或柠檬黄色的水晶。

烟水晶：呈烟黄色、暗褐至黑色（黑色者称黑晶）的水晶。

发晶：含细小针状金红石包体的水晶。

蔷薇石英：呈淡红至蔷薇红色、透明度略差的石英。

蓝石英：呈蓝色调（含 Ti）的石英。

乳石英：呈乳白色（含气、液体包体）、具油脂光泽的块体石英。

砂金石：含云母或赤铁矿细鳞片包体的石英。

虎睛石、鹰睛石：石英交代纤维状石棉中呈丝绢光泽者。

玉髓（石髓）：具蜡状光泽、钟乳状外貌的隐晶质石英。

玛瑙：具有不同颜色条带并呈同心状产出的玉髓。

碧玉：呈暗红色、褐色、绿色的隐晶质石英。

燧石：暗色、坚韧、极致密的结核状玉髓。

2. β- 石英（β-Quartz，SiO_2）

化学成分：同石英。

晶体结构：六方晶系；对称型 622。晶体结构中低温石英的三次螺旋轴变为六次螺旋轴，垂直于六次螺旋轴方向出现一个二次对称轴，使另一个二次螺旋轴变为二次对称轴。

鉴定特征：常见六方双锥晶形；晶体浑圆度大；接触双晶发育；颜色呈灰白、乳白色；具玻璃光泽，断口呈油脂光泽；密度小。

成因与用途：β- 石英产于酸性火成岩中，在酸性喷出岩中呈斑晶产出。

3. 蛋白石（Opal，$SiO_2 \cdot nH_2O$）

化学成分：SiO2 含量在 90% 以上，含水在 4%~9% 之间，最高达 20%，可含 Al_2O_3、Fe_2O_3、CaO、MgO 等杂质。

晶体结构：晶体为亚显微结晶质集合体，并含大量水；Si_2O 小球体呈六方或立方最紧密堆积，水和空气充填在球粒空隙中。

鉴定特征：晶体呈隐晶质的块状、钟乳状、葡萄状、皮壳状集合体；无色或含杂质呈各种颜色；微透明；具玻璃光泽；具蛋白光；在阳光下转动有变彩；硬度中等；密度小；折射率小；易脱水龟裂而呈白色。

蛋白石包括以下亚种。

贵蛋白石：在乳白色基质中有各种颜色的变彩者（称为欧泊）。

火蛋白石：主要呈红或橙色透明的蛋白石。

木蛋白石：浅黄或黄色蛋白石中保存木质构造者。

水蛋白石：含有水液包体的蛋白石。

玻璃蛋白石：呈玻璃光泽、具透明感的蛋白石。

珍珠蛋白石：呈珍珠光泽的蛋白石。

成因与用途：可以形成于温泉、浅成热液或地面水的硅质溶液中，也可以形成于火山岩气孔中，为硅质胶体沉积脱水硬化而成；外生可形成沉积硅藻土层（主要为蛋白石组成）。蛋白石老化变为玉髓或结晶石英。贵蛋白石可作为宝石原料；硅藻土可作为研磨、陶瓷、建筑材料。

（十）钙钛矿（Perovskite，$CaTiO_3$）

化学成分：主要成分为 $CaTiO_3$，常含有 K、Na、Nb、Ta、Fe、Ce、Nd、La 等元素。含 2.3% TR_2O_3 者称稀土钙钛矿，含 6% Nb_2O_5 者称铌钙钛矿。

晶体结构：（高温）等轴晶系；对称型 *m3m*。结构中 Ca^{2+} 位于立方晶胞中心，Ti^{4+} 位于立方晶胞的角顶。O^{2-} 位于立方晶胞晶棱的中点；$[TiO_6]$ 八面体以共角顶相连接，Ca^{2+} 充填八面体形成的大空隙中；Ca（*CN*）=12，Ti（*CN*）=6，O（*CN*）=6。（低温）斜方晶系；对称型 *mmm*。

鉴定特征：常呈立方体状或不规则粒状，立方体面上可见平行晶面条纹；颜色为灰黑色至红褐色；条痕呈白灰色至灰黄色；具金刚至半金属光泽；硬度中等；密度较大。

成因与用途：钙钛矿主要产于超基性岩、碱性岩浆岩或碱性伟晶岩中，可作为提取钛、稀土及铌的矿石矿物。

（十一）磁铁矿★（Magnetite，$Fe^{2+}Fe_2^{3+}O_4$）

化学成分：主要成分为 $Fe^{2+}Fe_2^{3+}O_4$，常含有 Mg、Mn、Zn、Ni、Co、Cu、Ge、Ti、V、Cr 等与 Fe 呈类质同象置换的元素。含 TiO_2 量大于 25% 者称钛磁铁矿。

晶体结构：等轴晶系；对称型 *m3m*。结构中 O^{2+} 作立方最紧密堆积，1/2 Fe^{3+} 占据结构中 1/8 的四面体空隙，而 Fe^{2+} 与余下的 1/2 Fe^{3+} 占据结构中 1/2 的八面体空隙，形成反尖晶石结构。

鉴定特征：晶体常呈八面体与菱形十二面体聚形，在菱形十二面体晶面上分布有平行于长对角线方向展布的条纹；依（111）形成尖晶石律双晶；颜色呈铁黑色；具半金属至金属光泽；不透明；无解理；有沿{111}方向的裂理；硬度中等；密度大；具强磁性。

成因与用途：磁铁矿主要形成于各种岩浆与变质作用过程中，是岩浆型铁矿床、沉积变质型铁矿床及矽卡岩型铁矿床、火山作用形成的铁矿床的主要矿物；是提取铁的最主要矿物，可综合回收Ti、V、Ni、Co等元素。

（十二）铬铁矿*（Chromite，$FeCr_2O_4$）

化学成分：主要成分为$FeCr_2O_4$，可含Ti、V、Al等置换Cr的元素，也有Zn、Mg等置换Fe的元素。

晶体结构：等轴晶系；对称型*m*3*m*。结构为尖晶石型，其中O^{2-}作立方最紧密堆积，Fe^{2+}充填于结构中1/8的四面体空隙，Cr^{3+}充填于结构中1/2的八面体空隙。

鉴定特征：晶体呈八面体形状，常为致密块状集合体；颜色为暗棕色至铁黑色；条痕呈褐色；具半金属光泽；无解理；硬度中等；密度较大；具弱磁性。

成因与用途：铬铁矿主要形成于超基性岩浆型矿床中。为提取Cr的唯一矿物原料，也可作为耐火材料。它是我国缺少的矿物原料品种。

（十三）黑钨矿（钨锰铁矿）*（Wolframite，（Fe，Mn）WO_4）

化学成分：主要成分为（Fe，Mn）WO_4，其中Mn与Fe可形成完全类质同象替代，常含Mg、Ca、Nb、Ta、Sc、Y、Sn等元素。

晶体结构：单斜晶系；对称型2/*m*。晶体结构中[（Mn、Fe）O_6]构成八面体，以共棱方式沿*c*轴呈折线状延伸，[WO_6]畸变八面体也以共棱方式连接，并以四个角顶与[（Mn，Fe）O_6]连接。因而晶体结构可视为链状结构，亦可看成平行{100}呈似层状结构。

鉴定特征：晶体呈厚板状或短柱状；颜色为黑色至褐黑色；具金刚至半金属光泽；解理平行{010}，完全解理；性脆；硬度中等；密度特大。

成因与用途：黑钨矿主要产于高温热液矿脉及矽卡岩中，也可形成砂矿。它为提取钨的最主要矿物。我国是世界上产钨最多的国家。

（十四）褐钇铌矿（Fergusonite，$YNbO_4$）

化学成分：主要成分为$YNbO_4$，可含Ta、Ce、TR、Ca、U、Zr等的元素，其中Nb与Ta呈完全类质同象替代。含20% Ti者称钛褐钇铌矿。

晶体结构：四方晶系；对称型4/*m*。结构为白钨矿型，Y^{5+}代替Ca^{2+}，Nb^{3+}代替W^{6+}。

Y（*CN*）=8，Nb（*CN*）=4。

鉴定特征：晶体呈四方柱或纺锤体；颜色为黄褐、黑褐色；条痕呈浅黄至黄褐色；具油脂光泽；断口呈贝壳状；硬度中等；密度大。

成因与用途：褐钇铌矿常产于花岗岩及伟晶岩中，也见于与碱性岩有关的矿床中；可作为提取钇族稀土元素及铌的矿物原料。

（十五）铌钽铁矿*（Columbite-tantalite，（Fe，Mn）（Nb，Ta）$_2O_6$）

化学成分：主要成分为（Fe，Mn）（Nb，Ta）$_2O_6$，其中Fe与Mn、Nb与Ta可形成完全类质同象替代。此外，可含Ti、Sn、W、Zr、U、TR等元素。

晶体结构：斜方晶系；对称型 *mmm*。结构中 O 为四层堆积，[(Fe,Mn)O_6] 与 [(Nb,Ta)O_6] 八面体共棱连接，平行于 *c* 轴方向形成锯齿状的链；链与链相连形成平行(100)的八面体锯齿状链层。在 *a* 轴方向 [(Fe, Mn)O_6] 八面体链层与 [(Nb, Ta)O_6] 八面体链层以 1∶2 相间排列。

鉴定特征：晶体常发育为薄板状、厚板状，晶面光滑，可见纵纹；颜色呈铁黑色至褐黑色；条痕呈暗红至黑色；具金属至半金属光泽；性脆；硬度大；密度大；有弱至强的电磁性。

成因与用途：产于花岗伟晶岩，钠化、云英岩化的花岗岩及细晶岩中；为提取铌、钽的矿物原料。

(十六)水镁石*(Brucite, $Mg(OH)_2$)

化学成分：主要成分为 $Mg(OH)_2$，可含 Fe、Mn、Zn 等与 Mg 呈类质同象替代元素。含 18% MnO 者称锰水镁石，含 10% FeO 者称铁水镁石，含 4% ZnO 者称锌水镁石。

晶体结构：三方晶系；对称型 $\bar{3}m$。结构中 OH^- 呈六方最紧密堆积，Mg^{2+} 充填于 OH^- 堆积层八面体空隙中，以共棱方式连接成 [$Mg(OH)_6$] 八面体层。八面体层平行(0001)，层间以弱的氢氧键相连，使晶体具有平行 {0001} 极完全解理。Mg(*CN*)=6，(OH)(*CN*)=2。

鉴定特征：晶体呈板状、叶片状，集合体呈细鳞片状、平行纤维状；颜色呈白色、灰白色，有杂质时呈绿色、黄色或褐红色；解理面呈珍珠光泽，呈纤维状时为丝绢光泽；{0001} 极完全解理；硬度小；密度小；具有热电性；细片具有柔性与挠性。

成因与用途：水镁石为可溶性含镁化合物在强碱性溶液水解下的产物；水镁石可作提炼镁的矿物原料。

(十七)硬锰矿*(狭义)(Psilomelane, $BaMnMn_9O_{20}\cdot 3H_2O$)

化学成分：主要成分为 $BaMnMn_9O_{20}\cdot 3H_2O$，可含 W、Fe、Al、V、Mg、Co、Cu 等与 Mn 呈类质同象置换的元素，也有 Ca、U、Sr、Na 等与 Ba 呈类质同象置换的元素。

晶体结构：单斜晶系；对称型 2/*m*。晶体结构中 [MnO_6] 八面体组成的三重链和双重链连接围成中空的通道，链与通道都平行于 *b* 轴延伸。通道为 Ba^{2+} 和 H_2O 占据。

鉴定特征：集合体常呈葡萄状、肾状、皮壳状、钟乳状、土状及致密块状、树皮状；颜色呈黑色至暗钢灰色；条痕呈褐色至黑色；具半金属光泽或土状光泽；硬度中等；密度较大。

成因与用途：硬锰矿为表生矿物，为含锰的碳酸盐或硅酸盐的风化产物；也可形成于海相、湖相沉积层中，以团块状或结核状出现。硬锰矿为提取锰的重要矿石矿物。

四、实验记录内容与要求

实验记录内容与要求同硫化物矿物。只是需特别注意：观察描述氧化物矿物的颜色、密度、磁性时要细致、细心，记录要准确、科学。

五、课外作业

(1)氧化物矿物的形态和物理性质与其晶体化学之间有什么联系？

(2)同属于刚玉型结构的刚玉与赤铁矿，为什么二者的物理性质差别很大？

(3)锡石的形态有什么意义？它与金红石怎样区别？

(4)为什么磁铁矿沿 {111} 方向只有裂理而无解理？

(5)致密块状的赤铁矿、磁铁矿、钛铁矿、褐铁矿之间怎样区别?

(6)什么叫细分散多矿物集合体?试举例说明。

(7)什么叫机械混合物和类质同象化合物?试举例说明。

(8)铁的氧化物矿物与铁的氢氧化物矿物以及铁的硫化物矿物在形成环境上有什么不同?

实验七 岛状与环状结构硅酸盐矿物

一、实验前准备工作

复习教材中有关硅酸盐矿物中岛状与环状结构硅酸盐矿物的全部内容,熟悉其主要组成元素在周期表中的分布特征,了解其化学键、配位数,熟悉硅氧四面体特点及连接方式和对矿物形态与物理性质的决定作用,了解这些矿物形成的环境条件及主要矿物的用途。

二、实验目的与要求

(1)深入理解岛状、环状结构的硅酸盐矿物中 $[SiO_4]$ 的分布规律、晶体化学特征与矿物形态和物理性质的关系。

(2)掌握主要岛状、环状结构的硅酸盐矿物(带★者)的鉴定特征。

(3)了解这些矿物的成因及主要用途。

三、实验内容与方法

借助小刀、放大镜等工具鉴定下列矿物。

(一)锆石★(Zircon,$Zr[SiO_4]$)

化学成分:常含 Hf 、Th、U、TR、Nb 、Ta 、Ti、Al、Sn、Fe、Mg、Ca 、P、Be 等元素及 H_2O 等混入物;含 14.73% BeO 者称铍锆石,含较高 TR、U 且晶面弯曲者称曲晶石。

晶体结构:四方晶系;对称型 4/*mmm*。结构中 $[SiO_4]$ 四面体呈孤立状,彼此靠 Zr 连接,$[ZrO_8]$ 与 $[SiO_4]$ 在 *c* 轴方向相间排列。Zr(*CN*)= 8。晶体结构可看作由立方体特殊畸变的 $[ZrO_8]$ 配位多面体与 $[SiO_4]$ 四面体连接而成。

鉴定特征:晶体常呈四方双锥状、柱状及板状,可依 {011} 成膝状双晶;颜色呈无色、黄色、紫红色、蓝色、绿色、褐色等;具玻璃至金刚光泽,断面呈油脂光泽;透明至半透明;硬度大;密度大;熔点高 。

成因与用途:锆石为岩浆成因,常为酸性岩浆岩或碱性岩浆岩的副矿物。它可作为提取锆与铪的主要矿物原料;色泽艳丽且透明者可作为宝石原料。锆石也是目前地质研究中用于测定地质体年龄的主要矿物之一。

(二)橄榄石★(Olivine,$(Mg,Fe)_2[SiO_4]$)

化学成分:可含 Fe^{3+}、Mn、Ca、Al、Ti、Ni、Co、Zn 等与 Mg、Fe 呈类质同象代替关系的元素;按 Mg 含量可分为镁橄榄石、贵橄榄石、透铁橄榄石、镁铁橄榄石、铁镁铁橄榄石、铁橄榄石。

晶体结构:斜方晶系;对称型 *mmm*。结构中 $[SiO_4]$ 四面体呈孤立状,它们之间靠阳离子

Mg^{2+}、Fe^{2+} 连接起来。O^{2-} 平行于（100）作似六方紧密堆积，Si^{4+} 占领其中 1/8 的四面体空隙，Mg^{2+} 或 Fe^{2+} 等占领 1/2 的八面体空隙。Mg，Fe（*CN*）=6，Si（*CN*）=4。在平行于 *c* 轴方向上，$[MO_6]$ 八面体（M 指 Mg^{2+}、Fe^{2+}）以共棱方式连接成锯齿状的链；在平行于（010）的方向上，实心（充填离子）八面体与空心（未充填）八面体相间排列成锯齿状链层，相邻层以共用八面体角顶相连。层以共用 $[SiO_4]$ 四面体的角顶和棱的方式相连。

鉴定特征：晶体呈近三向等长粒状、短柱状；颜色为橄榄绿色；具玻璃光泽；透明至半透明；硬度大；密度中等。

成因与用途：橄榄石为超基性岩、基性岩的主要造岩矿物，也可形成于矽卡岩及石陨石中；可作为耐火材料，透明、粗粒晶体可作为宝石原料。我国河北张家口地区的碱性玄武岩中产有宝石级的橄榄石晶体。

（三）石榴石★（Granet，$A_3B_2[SiO_4]_3$）

石榴石为一类矿物的统称。

化学成分：A 代表二阶阳离子，如 Mg^{2+}、Fe^{2+}、Mn^{2+}、Ca^{2+}；B 代表高阶阳离子，如 Al^{3+}、Fe^{3+}、Cr^{3+}、V^{3+}、Ti^{4}。

石榴石按成分可分为以下几个系列。

（1）铝质石榴石系列：

镁铝榴石（Pyrope，$Mg_3Al_2[SiO_4]_3$）；

铁铝榴石（Almandite，$Fe_3Al_2[SiO_4]_3$）；

锰铝榴石（Spessartite，$Mn_3Al_2[SiO_4]_3$）。

（2）钙质石榴石系列：

钙铝榴石（Grossular，$Ca_3Al_2[SiO_4]_3$）；

钙铁榴石（Andradite，$Ca_3Fe_2[SiO_4]_3$）；

钙铬榴石（Uvarovite，$Ca_3Cr_2[SiO_4]_3$）；

翠榴石（Demantoid，$Ca_3(Fe,Cr)_2[SiO_4]_3$）。

（3）锰铁质石榴石系列：

锰铁榴石（Calderite，$Mn_3Fe_2[SiO_4]_3$）；

铁石榴石（Skiagite，$Fe_3Fe_2[SiO_4]_3$）；

镁铁榴石（Khoharite，$Mg_3Fe_2[SiO_4]_3$）。

晶体结构：等轴晶系；对称型 *m*3*m*。结构中孤立的 $[SiO_4]$ 四面体由 B 类阳离子所组成的 $[BO_6]$ 八面体连接，其间形成一些较大的可视为畸变立方体的空隙由 A 类阳离子充填并形成畸变的 $[AO_8]$ 配位多面体。A（*CN*）= 8，B（*CN*）= 6，Si（*CN*）= 4。

鉴定特征：晶体呈菱形十二面体、四角三八面体或二者聚形；晶面上有平行四边形长对角线方向分布的晶面条纹；颜色多样，与其成分中含的色素离子有关；具玻璃光泽；无解理；硬度较大；密度大。

成因与用途：石榴石形成于自然界各种地质环境中，其中镁铝榴石可形成于深成岩及地幔岩中，铁铝榴石主要形成于区域变质岩及岩浆岩中，钙质榴石主要形成于矽卡岩、碱性岩中。它们常用作研磨材料，晶粒粗大、漂亮、透明无暇者可作为宝石原料。

（四）蓝晶石★（Kyanite，$Al_2[SiO_4]O$）

化学成分：主要成分为 $Al_2[SiO_4]O$，常含 Cr、Fe、Ca、Mg、Ti、K、Na 等混入物进入的元素。

晶体结构：三斜晶系；对称型 $\bar{1}$。晶体结构中，$[AlO_6]$ 八面体以共棱的方式连接成链平行于 c 轴，链间以共角顶方式与 3 个面体共棱连接平行（100）的层，层间以 $[SiO_4]$ 四面体与 $[AlO_6]$ 八面体相连接，导致蓝晶石发育有完全 {100} 和中等的 {010} 解理及发育成平行（100）的板状晶体，造成蓝晶石晶体硬度在平行于 c 轴与垂直于 c 轴的方向上具有明显的差异。

鉴定特征：晶体呈长而扁平的刀片状或柱状，集合体有时呈放射状；颜色天蓝色，颜色的加深与 Ti、Fe 的含量有关；具玻璃光泽；解理 {100} 完全，{010} 中等，{001} 裂开；硬度明显随方向而异，硬度在平行于 c 轴的方向上小，在垂直于 c 轴的方向上大；密度中等。

成因与用途：蓝晶石为典型区域变质作用矿物。它可用于制造耐火的材料，也可作为玻璃、陶资原料；大而透明者可作为宝石原料。

（五）红柱石★（Andalusite，$Al_2[SiO_4]O$）

化学成分：主要成分为 $Al_2[SiO_4]O$，常含有 Fe、Mn 等元素。

晶体结构：斜方晶系；对称型 mmm。晶体结构中，Si 与 O 形成 $[SiO_4]$ 四面体，1/2 的 Al^{3+} 与 O 形成平行于 c 轴的 $[AlO_6]$ 链，另外 1/2 的 Al^{3+} 与 O^{2-} 形成 $[AlO_5]$ 三方双锥多面体，并与 $[SiO_4]$ 及 $[AlO_6]$ 相连，Al（CN）= 5 或 6。

鉴定特征：晶体呈假四方柱状，横断面呈近正方形；常呈放射状集合体。形似菊花者称菊花石；某些红柱石晶体在生长过程中俘获杂质，呈定向排列，致使其横断面呈黑十字形，被称为空晶石。颜色常呈肉红色、灰色等；具玻璃光泽；解理平行 {110} 中等；硬度中等；密度小。

成因与用途：红柱石主要为变质成因矿物，产于泥质岩的热接触变质带及低温低压区域变质富铝泥质片岩中。北京西山菊花沟产的菊花石最为著名。色泽好、透明者可作为宝石原料。

（六）矽线石★（Sillimanite，$Al[AlSiO_5]$）

化学成分：主要成分为 $Al[AlSiO_5]$ 可含 Fe、Ti 、Ca 、Mg 等元素。

晶体结构：斜方晶系；对称型 mmm。晶体结构中 1/2 的 Al^{3+} 与 O^{2-} 形成平行于 c 轴的 $[AlO_6]$ 链，另外 1/2 的 Al^{3+} 与 O^{2-} 形成 $[AlO_4]$，与 $[SiO_4]$ 沿 c 轴交替排列成链，该链与 $[AlO_6]$ 链连接并形成沿 c 轴方向延伸的双链。

鉴定特征：晶体呈长柱状或针状、棒状，柱面有条纹；集合体呈放射状或纤维状，毛发状者称细矽线石；颜色呈白色、灰色及浅绿色等；具玻璃光泽；解理 {010} 完全；硬度较大；密度较小。

成因与用途：矽线石为典型高温变质矿物，产于高温接触变质带的富铝质岩石中，也形成于高级区域变质作用中。矽线石可用作高铝耐火材料和耐酸材料。

（七）黄玉★（Topaz，$Al_2[SiO_4](F,OH)_2$）

化学成分：主要成分为 $Al_2[SiO_4](F,OH)_2$，F^- 与 OH^- 的物质的量的比值为 3∶1~1∶1，其中伟晶岩中黄玉的比值高，云英岩中黄玉的比值中等，热液成因黄玉的比值为 1∶1。

晶体结构：斜方晶系；对称型 *mmm*。结构中 O^{2-}、F^-、OH^- 共同作 ABCB 四层最紧密堆积，堆积层平行于 $[AlO_4(F,OH)_2]$，Si^{4+} 占四面体空隙形成 $[SiO_4]$ 四面体与 $[AlO_4(F,OH)_2]$ 八面体相连接。

鉴定特征：晶体常呈短柱状，柱面上有纵纹；呈无色、黄色、绿色、蓝色、浅红色等；具玻璃光泽；硬度大；密度大；解理平行 {001} 完全。

成因与用途：黄玉为典型气成热液矿物，主要出现于花岗伟晶岩、云英岩及高温气成热液矿脉中。可作为研磨、轴承等材料，透明、色美者可作为宝石原料。

（八）十字石★（Staurolite，$FeAl_4[SiO_4]_2O_2(OH)_2$）

化学成分：主要成分为 $FeAl_4[SiO_4]_2O_2(OH)_2$，常含 Mg、Co、Mn、Zn 等与 Fe 呈类质同象替换关系的元素。

晶体结构：斜方晶系；对称型 *mmm*。晶体结构中在平行于（010）的方向上由蓝晶石结构层与氢氧化铁层相间排列而成，导致十字石产生 {010} 解理。

鉴定特征：晶体呈短柱状，常呈十字形的贯穿双晶，也有呈不规则粒状；颜色呈红棕、黄褐至深褐色；具玻璃光泽；硬度大；密度大；解理 {010} 中等。

成因与用途：十字石为典型的中温中压的泥质岩区域变质矿物。十字石可作为研究中级变质作用条件的指示矿物。

（九）榍石★（Sphene（Titanite），$CaTi[SiO_4]O$）

化学成分：主要成分为 $CaTi[SiO_4]O$，可含 TR、Mn、Sr、Ba 等与 Ca 呈类质同象置换的元素；也可含 Al、Fe、Nb、Ta、Sn、Cr、Th 等与 Ti 呈类质同象置换的元素；还有 OH^-、F 等与 O 呈类质同象置换的组分。富含 TR 者称稀土榍石，富 Mn 者称红榍石，含 Fe 者称铁榍石。

晶体结构：单斜晶系；对称型 2/*m*。结构中 $[SiO_4]$ 孤立存在，平行于 *b* 轴作 $[SiO_4]$—Ca—O—$[SiO_4]$—顺序分布，它们之间由 $[TiO_6]$ 连接。Ca^{2+} 与 O^{2-} 形成 $[CaO_7]$ 多面体穿插于结构中。结构中孤 O^{2-} 可被 OH^-、F^-、Cl^- 替换。

鉴定特征：晶体呈扁平信封状柱体，横断面呈菱形；常依（100）形成接触或穿插双晶；颜色呈蜜黄色、褐色、绿灰色及红色、玫瑰色等；具金刚光泽、油脂至树脂光泽；解理平行 {110}；具 {211} 裂理；硬度中等；密度大。

成因与用途：榍石主要是中酸性岩、碱性岩浆岩、伟晶岩的副矿物，也产于矽卡岩及变质岩中。榍石可作为研究地质环境条件的标志产物；大量产出时可作为提取钛的矿石原料。

（十）符山石（Vesuvianite，$Ca_{10}(Mg,Fe)_2Al_4[SiO_4]_5[Si_2O_7]_2(OH,F)_4$）

化学成分：主要成分为 $Ca_{10}(Mg,Fe)_2Al_4[SiO_4]_5[Si_2O_7]_2(OH,F)_4$，常含有 Ce、Mn、Na、K 等与 Ca 呈类质同象置换的元素；也含 U、Zn、Cu、Cr、Ti、B、Be 等与 Ca 呈类质同象替换关系的元素。含 Be 者称铍符山石，含 Cu 者称青符山石，含 Cr 者称铬符山石。

晶体结构：四方晶系，对称型 4/*mmm*。结构中由于存在 $[SiO_4]$、$[Si_2O_7]$ 两种络阴离子，

3/4 的 Ca^{2+} 呈变形立方配位体，其余的阳离子均为八面体配位。

鉴定特征：晶体呈四方柱状，集合体呈放射状；颜色呈褐色、绿色、黄色、蓝色、红色等；具玻璃至油脂光泽；透明；硬度较大；密度中等 。

成因与用途：符山石主要形成于接触交代的钙矽卡岩中，也可见于变质岩中；色泽艳丽、透明、粗粒者可作为宝石或玉石原料。

（十一）绿帘石★（Epidote，$Ca_2FeAl_2[SiO_4][Si_2O_7]O(OH)$）

化学成分：主要成分为 $Ca_2FeAl_2[SiO_4][Si_2O_7]O(OH)$，Fe 与 Al 可形成完全类质同象系列，常含 Mn、Mg、Na、K 等元素。绿帘石与斜黝帘石可形成完全类质同象系列。

晶体结构：单斜晶系；对称型 2/*m*。结构中 $[AlO_5OH]$ 八面体以共棱方式连接或沿 *b* 轴方向延伸成链，此链又与 $[FeO_6]$ 八面体共棱形成折状链，链被 $[SiO_4]$ 四面体及 $[Si_2O_7]$ 四面体连接或形成（100）的链层。

鉴定特征：常呈柱状、板状、针状，平行 *b* 柱面上有纵纹；集合体呈放射状；颜色呈黄绿色、黑绿色、黑色；具玻璃光泽；透明；{001} 解理完全；硬度中等；密度中等 。

成因与用途：绿帘石为典型的热液蚀变矿物，形成于变质岩、矽卡岩及受热液改造的岩浆岩与沉积岩中；粒大质好者可作为玉石原料。

（十二）绿柱石★（Beryl，$Be_3Al_2[Si_6O_{18}]$）

化学成分：主要成分为 $Be_3Al_2[Si_6O_{18}]$，可含 Na、K 、Li 、Cs、Rb、Mg 、Fe、Cr、Ti 、U 等元素及 H_2O 等混入物。

晶体结构：六方晶系；对称型 6/*mmm*。 结构中 $[SiO_4]$ 四面体组成的六方环垂直于 *c* 轴平行排列，上下两个环错开 25°，环与环之间由 $[AlO_6]$ 与 $[BeO_4]$ 相连，它们的配位体均在环外侧分布；在环中心平行于 *c* 轴方向上有宽阔孔道，为大半径金属阳离子及 H_2O 占据。

鉴定特征：晶体常呈六方柱状，柱面常有细纵纹；集合体呈晶簇状；晶体为无色，含 Cr、呈翠绿色者称祖母绿，含 Fe、呈蔚蓝色者称海蓝宝石，含 Cs、呈玫瑰色者称铯绿柱石，含 U、呈黄色者称黄透绿柱石；具玻璃光泽；硬度大；密度小。

成因与用途：绿柱石主要产于花岗伟晶岩、云英岩及高温热液脉中。我国新疆阿尔泰地区为绿柱石的著名产地。绿柱石是提取 Be 的主要矿物原料，色泽美丽者可作为宝石原料。

（十三）电气石★（Tourmaline，$(Na,Ca)R_3Al_6[Si_6O_{18}][BO_3]_3(OH,F)_4$）

化学成分：主要成分为 $(Na, Ca)R_3Al_6[Si_6O_{18}][BO_3]_3(OH, F)_4$，常含 Mn、Cr、Li 等元素。R = Mg 者称镁电气石，R = Fe 者称黑电气石，R = Li + Al 者称锂电气石，R = Mn 者称钠锰电气石，当 Cr 进入 R 位置则称铬电气石，镁电气石与黑电气石、锂电气石之间可形成完全类质同象系列。

晶体结构：三方晶系；对称型 3*m*。结构中 $[SiO_4]$ 组成复三方环， $[BO_3]^{3-}$ 组成平面三角形，$[MgO_4(OH)_2]$ 配位八面体与 $[BO_3]$ 相连；在复三方环上方空隙中有阳离子分布 M^+（*CN*=9），环间以 $[AlO_5(OH)]$ 八面体相连，碱金属 M（*CN*）=9；RAl（*CN*）=6，B（*CN*）=3。

鉴定特征：晶体呈柱状，柱面上有纵纹，横断面呈球面三角形；集合体呈放射状或纤维状。 颜色多变，含 Cr 者呈深绿色，含 Li 、Mn、Cs 者呈粉红玫瑰色，含 Mg 者呈黄色，含 Fe

者呈黑色等;垂直于 c 轴方向上常形成水平色带,或 c 轴两端颜色不同;硬度大;密度小;具热电性与压电性。

成因与用途:电气石常产于花岗岩、花岗伟晶岩及高温石英脉中,与气成热液作用有关;也可产于变质矿床及矽卡岩中。压电性良好的电气石晶体可用于无线电工业中,色泽美丽、透明者可作为宝石(碧玺)原料。

(十四)堇青石(Cordierite,$(Mg,Fe)_2Al_3[AlSi_5O_{18}]$)

化学成分:主要成分为$(Mg, Fe)_2Al_3[Si_5AlO_{18}]$,可含 Ti 、Mn、Na、K 元素及 H_2O 等混入物。

晶体结构:斜方晶系;对称型 *mmm*。结构中 $[SiO_4]$ 形成六方环,环间以 $[AlO_4]$、$[MgO_6]$ 相连。为了补偿电价不平衡,在六方环中出现 Al^{3+} 代替 Si^{4+} 而使晶体结构由六方晶系变为斜方晶系的现象。

鉴定特征:晶体可呈假六方形状及似圆形横断面或不规则的粒状;颜色为无色及浅蓝色、浅紫色、浅黄色、浅褐色;断口呈油脂光泽;解理 {010} 中等;断口呈贝壳状;硬度较大;密度小。

成因与用途:堇青石为典型的变质矿物,产于片麻岩、结晶片岩及蚀变火成岩中。堇青石可作为研究变质作用的矿物工具,颜色美丽透明无瑕者可作宝石。

四、实验报告内容与要求

实验报告内容与要求如下。

内容:包括标本号,矿物名称(中英文),晶体化学式,主要阳离子种类、配位数,配位多面体形式及连接方式,鉴定特征,成因及主要用途。

要求:观察要仔细,分析要准确。

五、课外作业

(1)试用岛状结构及离子配位多面体特征解释矿物的对称性、形态及物理性质。

(2)环状配位多面体具有什么特征?试用其解释环状结构硅酸盐矿物对称性、形态与物理性质。

(3)岛状结构硅酸盐矿物中哪些是标型矿物?哪些可作为宝石矿物?

(4)试用晶体场理论说明橄榄石与铁铝榴石颜色不同的原因。

(5)电气石常呈什么颜色?为什么?形成于什么环境条件下?

(6)为什么红柱石、蓝晶石、黄玉呈柱状晶体形态?

(7)颜色呈褐色、红褐色的岛状硅酸盐矿物有哪些?如何区别?

(8)为什么石榴石硬度大,密度大、无解理?

(9)为什么绿柱石硬度大,密度小,呈柱状晶体形态?

(10)为什么电气石柱状晶体的横切面呈球面三角形?

实验八　链状结构硅酸盐矿物

一、实验前准备工作

复习教材中有关链状结构硅酸盐矿物的内容，重点理解链状硅氧骨干的组成、延伸特征，其他阳离子种类、配位数，配位多面体的连接方式及分布特点，掌握这些结构特征对链状结构硅酸盐矿物的形态与物理性质的影响，熟悉这些矿物的形成环境、条件及主要用途。

二、实验目的与要求

（1）掌握链状结构硅酸盐矿物中硅氧骨干的构成特点，特别是辉石链与角闪石链的组成、延伸及连接特点。掌握其他阳离子的种类，离子配位多面体的构成、连接方式和空间取向以及这些特征对链状结构硅酸盐矿物的形态、对称性和物理性质的制约作用。

（2）掌握主要的链状结构硅酸盐矿物（带★者）的鉴定特征，熟记这类矿物的晶体化学通式。

（3）了解主要矿物的形成环境条件及主要用途。

三、实验内容与要求

借助小刀、放大镜等工具鉴定下列矿物。

（一）辉石族矿物

1. 顽火辉石★（Enstatite，$Mg_2[Si_2O_6]$）

化学成分：常含有 Al、Ca、Ti、Mn、Fe 等元素。当 $Fe/(Mg+Fe^{2+})>0.30$ 时，称之为紫苏辉石；当 $Fe^{2+}/(Mg+Fe^{2+})=0.10\sim0.30$ 之间时，称之为古铜辉石。

晶体结构：斜方晶系；对称型 *mmm*。结构中 $[SiO_4]$ 以两个角顶与相邻的 $[SiO_4]$ 共用形成沿 *c* 轴无限延伸的链，其中两个 $[SiO_4]$ 为一重复周期。链间形成两种空隙 M_1 与 M_2，为 Mg^{2+} 及其他阳离子充填。Mg（*CN*）= 6，Si（*CN*）= 4。

鉴定特征：单晶体呈短柱状，横断面为八边形；颜色呈白色、黄色、绿色等，随 Fe 含量的增大而加深；具玻璃光泽；硬度较大；解理平行 {210} 完全，解理夹角为 88°；密度中等。

成因与用途：顽火辉石主要产于超基性岩、基性岩中，也可产于中、高级区域变质作用形成的岩石中；为主要的造岩矿物之一。

2. 普通辉石★（Augite，$Ca(Mg,Fe^{2+},Fe^{3+},Ti,Al)[(Si,Al)_2O_6]$）

化学成分：成分复杂，常含 Na、Ni、Mn、Cr、V、Co、Cu、Sc、Zr、Ga、Y、La、Li、Sr、Ba 等呈类质同象置换的元素。含高于 2% TiO_2 者称钛辉石（Titanaugite）。

晶体结构：单斜晶系；对称型 2/*m*。晶体结构同顽火辉石，不同之处在于 M_2 为 Ca^{2+} 占领，硅氧骨干中出现 $[AlO_4]$ 代替 $[SiO_4]$ 的现象。

鉴定特征：晶体常呈短柱状，横断面呈近正八边形；颜色呈灰褐色至黑色；解理 {110} 完全，解理夹角为 87°；硬度中等；密度中等。

成因与用途：普通辉石常产于各种基性喷出岩、凝灰岩及侵入岩中，在变质岩与矽卡岩中也常见到，还可形成于陨石中；为主要的造岩矿物之一。

3. 硬玉★(Jadeite，$NaAl[Si_2O_6]$)

化学成分：含少量的 Cr^{3+} 、Fe^{3+} 等。

晶体结构：单斜晶系；对称型 2/*m*。晶体结构同顽火辉石，只是 Na^+ 占据了 M_2 位置，Al^{3+} 占据了 M_1 位置。

鉴定特征：晶体呈柱状或板状形态，常呈致密块状集合体；颜色呈无色、浅绿色、苹果绿色；具玻璃光泽；解理 {110} 完全，解理夹角为 87°；断口不平坦，呈刺状；硬度中等；密度较大；质地坚韧。

成因与用途：硬玉为低温高压变质矿物，产于碱性变质岩中。其隐晶集合体俗名翡翠，为高档名贵的玉石材料。

4. 霓石★(Aegirine，$NaFe[Si_2O_6]$)

化学成分：常含有 Ca、Fe、Mg、Al、Mn、Ti、V、K 等呈类质同象替代的元素。$NaFe[Si_2O_6]$ 摩尔分数 <70% 者称霓辉石，大于 70% 者称霓石；含 Mn 的霓辉石称钠锰辉石。

晶体结构：单斜晶系；对称型 2/*m*。晶体结构与透辉石相似，不同之处在于 $[SiO_4]$ 链中 3 个相邻桥氧形成的键角为 174° 。

鉴定特征：晶体呈长柱状或针状，柱面发育有纵纹；集合体呈星状或放射状；颜色呈暗绿色或黑绿色；具玻璃光泽；解理平行 {110} 完全；硬度中等；密度较大。

成因与用途：霓石为碱性岩的特征造岩矿物，常见于霞石正长岩、正长岩、正长伟晶岩中。

5. 锂辉石★(Spodumene，$LiAl[Si_2O_6]$)

化学成分：可含有稀有元素、稀土元素。

晶体结构：单斜晶系；对称型 2/*m*。晶体结构类似于透辉石，与透辉石不同的是 M_2 位置上的 Li^+ 作六次配位，$[SiO_4]$ 链上 3 个相邻桥氧之间的键角为 170.5° 。它有 α、β、γ 三种同质多象变体。

鉴定特征：晶体呈柱状，柱面有纵纹；可见巨大的晶体(我国新疆发现有 36.2 吨重晶体)；颜色呈灰白色，带浅绿色或紫色调，含 Cr、呈翠绿色者称翠绿锂辉石，含 Mn、呈紫色者称紫锂辉石；解理面呈珍珠光泽；{110} 解理完全；硬度较大 ；密度中等 。

成因与用途：锂辉石为富 Li 花岗伟晶岩中的标志矿物。它稳定在高温、高压下，形成深度在 20 km 左右。我国新疆阿尔泰地区是锂辉石的著名产地。锂辉石可作为提取 Li 的主要矿物原料，透明、色泽美丽者可作为宝石原料。

6. 硅灰石★(Wollastonite，$Ca_3[Si_3O_9]$)

化学成分：可含 Fe、Mn、Mg 等呈类质同象替换的元素。

晶体结构：三斜晶系：对称型 $\bar{1}$ 。晶体结构中每 3 个 $[SiO_4]$ 组成重复单位的平行于 *b* 轴的单链，链与链平行排列；链间的空隙被 Ca^{2+} 充填形成 $[CaO_6]$，后者共棱连接成平行于 *b* 轴的链，其中 2 个共棱的 $[CaO_6]$ 的长度与 3 个相连的 $[SiO_4]$ 的长度相等。

鉴定特征：晶体呈板状或片状，集合体呈块状、放射状及纤维状；颜色呈白色、灰白色及浅的肉红色；解理面呈珍珠光泽；解理 {100} 完全；硬度偏低；密度小；遇浓 HCl 可分解为絮状物。

成因与用途：硅灰石为典型的接触交代变质矿物，常形成于酸性岩浆与碳酸盐岩接触带；可作为陶瓷等工业原料。

7. 蔷薇辉石★((Rhodonite)，$Ca(Mn,Fe)_4[Si_5O_{15}]$)

化学成分：可含有 Fe、Mg、Zn 等元素。含 6.24% MgO 者称西湖村石，含 Fe 者称铁蔷薇辉石，含 Zn 高者称锌蔷薇辉石。

晶体结构：三斜晶系；对称型 $\bar{1}$。晶体结构中以 5 个 $[SiO_4]$ 组成重复单位，形成沿 *c* 轴方向延伸的链。链间空隙位置有五种，为锰、钙等离子占据，其中前四种位置上锰、钙离子形成 $[(Mn,Ca)O_6]$；第五种位置上形成不规则的配位多面体 $[(Mn,Ca)O_7]$。

鉴定特征：单晶体呈厚板状、短柱状或三向等长状；晶面粗糙，晶棱弯曲，颜色呈蔷薇红色，表面氧化后形成暗淡的黑色氢氧化锰薄膜；{110} 解理完全；硬度中等；密度较大。

成因与用途：蔷薇辉石是变质作用形成的矿物，常见于沉积锰矿遭受区域变质作用形成的片岩中，也可产于低温热液矿床及接触交代矿床中。块状蔷薇辉石可作为工艺雕刻原料。

(二)角闪石族矿物

1. 直闪石(镁铁闪石)★(Anthophyllite，$(Mg,Fe)_7[Si_4O_{11}]_2(OH)_2$)

化学成分：Mg 为 Fe 替换量是 <43%。

晶体结构：斜方晶系；对称型 *mmm*。晶体结构中 $[SiO_4]$ 形成沿 *c* 轴方向延伸的双链，双链之间通过金属阳离子连接，双链间空隙为 A、M_1、M_2、M_3、M_4；除 A 不填充外，其余空隙均为 Mg^{2+}、Fe^{2+} 填充。

鉴定特征：呈柱状、放射状、棒状，形态呈纤维状者称直闪石石棉；颜色呈白色、浅黄绿色、浅褐色；具玻璃光泽至丝绢光泽；硬度中等；解理平行 {210} 完全，解理夹角为 125° 30′；密度中等。

成因与用途：直闪石为典型变质矿物，常出现于某些结晶片岩中。

透闪石★(Tremolite，$Ca_2Mg_5[Si_4O_{11}]_2(OH)_2$)

阳起石★(Actinolite，$Ca_2(Mg,Fe)_5[Si_4O_{11}]_2(OH)_2$)

化学成分：常含 Fe、Na、K、Mn 等元素。当 $Fe^{2+}/(Fe^{2+}+Mg)=0.22\sim0.80$ 之间，称之为阳起石。

晶体结构：单斜晶系；对称型 2/*m*。晶体结构同直闪石，不同之处在于 Ca^{2+} 充填 M_4，$M_1M_2M_3$ 被 Mg^{2+}、Fe^{2+} 充填。

鉴定特征：晶体常呈长针状或柱状，集合体呈放射状、纤维状或致密隐晶细粒状；颜色为白色，含 Fe^{2+} 者呈绿色至深绿色；解理平行 {110} 中等，解理夹角为 124°；硬度中等；密度中等。

成因与用途：为接触变质矿物，主要产于矽卡岩热液成矿作用中。极坚韧隐晶质致密块体称作软玉，为高档玉雕材料；当晶体呈纤维状时，被称为透闪石棉或阳起石石棉，可耐高温，不导热，不导电，抗酸，用于冶炼、化工、电力等工业中。2008 年北京奥运会金镶玉奖牌全部由青海昆仑玉做成，昆仑玉的主要成分为和透闪石阳起石。

2. 普通角闪石★（Hornblende，$Ca_2Na(Mg,Fe^{2+})_4(Al,Fe^{3+})[(Si,Al)_4O_{11}]_2(OH,F)_2$）

化学成分：含多种发生类质同象替换的元素。

晶体结构：单斜晶系；对称型 2/*m*。晶体结构与透闪石结构相似，不同之处在于 A 中出现 Na^+、Ca^{2+}，$[AlO_4]$ 代替了 $[SiO_4]$ 。

鉴定特征：常为长柱状晶体，晶体横断面呈假六边形；集合体呈细柱状或纤维状；颜色呈黑绿色到深绿色；条痕呈无色或白色；{110} 解理完全，解理夹角为 124° 或 56° ；硬度中等；密度中等 。

成因与用途：普通角闪石岩浆作用与变质作用中常出现的主要造岩矿物，常产于中、酸性侵入岩、喷发岩及角闪岩相的变质岩中。在基性喷发岩中，富含 Fe_2O_3、TiO_2 者称玄武角闪石，呈辉石假象者称假象纤闪石。

3. 蓝闪石★（Glaucophane，$Na_2Mg_3Al_2[Si_4O_{11}]_2(OH)_2$）和钠闪石★（Riebeckite，$Na_2Fe_3Fe_2[Si_4O_{11}]_2(OH)_2$）

化学成分：蓝闪成分不固定，当 Mg 被 Fe^{2+}、Al 被 Fe^{3+} 替代时称之为钠闪石。

晶体结构：单斜晶系；对称型 2/*m*。晶体结构与透闪石相同。

鉴定特征：单晶体呈柱状、针状，集合体常呈放射状及纤维状；钠闪石具石棉形态时被称为蓝石棉或青石棉；颜色呈灰蓝色、深蓝色至蓝黑色；条痕呈蓝灰色；{110} 解理完全；硬度中等；密度中等 。

成因与用途：蓝闪石为"板块"俯冲带靠大洋一侧低温高压变质带的标志矿物，仅见于蓝闪石片岩、云母片岩中。蓝石棉具有防化学毒物和净化放射性污染的作用。

4. 钠铁闪石★（Arfvedsonite，$Na_3(Mg,Fe)_4(Fe,Al)[Si_4O_{11}]_2(OH,F)_2$）

化学成分：富 Na 为特征。

晶体结构：单斜晶系；对称型 2/*m*。晶体结构同透辉石结构。

鉴定特征：单晶体呈柱状、细柱状，集合体呈粒状；颜色呈蓝黑色；条痕呈暗蓝灰色；{110} 解理完全；硬度中等；密度较大。

成因与用途：产于碱性岩浆岩中，在碱性伟晶岩中形成大晶体。

晶体呈纤维状集合体的角闪石矿物称角闪石石棉。其种属有直闪石石棉、镁铁闪石石棉、铁闪石石棉、透闪石石棉、阳起石石棉、镁钠闪石石棉（纤铁蓝闪石石棉）、高铁钠闪石石棉（青石棉）、钠铁闪石石棉、蓝透闪石石棉。

工业上对石棉的要求是纤维长，劈分性好，质地柔软，抗拉强度大，耐酸、耐碱、耐高温。石棉的柔软性、劈分性取决于角闪石的晶体结构及化学成分：当链中的 Si 被 Al 代替时，由于 $[AlO_4]$ 的体积大于 $[SiO_4]$ 的体积，导致双链发生扭曲，负电荷增加，使链间结合力增强，因此不易劈分；当双链间以低电价、大半径 Na、Ca、K 连接时，则化学键减弱，易于劈分 。

角闪石石棉主要应用在石棉纺织、石棉水泥、石棉板、石棉纸、石棉瓦、电木、绝缘材料等工业中。蓝石棉具有过滤各种放射性尘埃和毒气的独特性能，可作为国防战略物资。

四、实验报告与要求

实验报告内容与要求同岛状、环状结构硅酸盐矿物。注意：观察矿物颜色、形态、解理时要仔细，记录要准确、科学。

五、课外作业

（1）全面对比辉石族和角闪石族矿物的成分、结构特点、形态及物理性质的异同点，并思考肉眼如何区别这两族矿物。

（2）岛状、环状、链状结构硅酸盐矿物均有柱状矿物，试举例分析它们的结晶习性与晶体结构的关系。

（3）辉石族与角闪石族矿物颜色的深浅与化学组成有什么关系？

（4）为什么辉石族矿物与角闪石族矿物的解理夹角不同？

（5）前述这两族矿物在成因上有什么不同？

（6）何谓石棉？角闪石石棉有多少种？怎样区别它们？

（7）前述这两族矿物中，哪些可以作为玉石与宝石矿物？怎样评价它们的质量？

实验九　层状结构硅酸盐矿物

一、实验前准备工作

复习教材中有关"层状结构硅酸盐矿物"一节的内容，重点理解层状结构硅酸盐矿物硅氧骨干的组成特点，掌握 $[SiO_4]$ 四面体构造层（T 片）和八面体构造层（O 片）的组成、延伸特点及它们之间的组合特征，理解二八面体型与三八面体型的构成特征，掌握这些结构特征和阳离子的种类及对层状结构硅酸盐矿物的形态、物理性质的制约关系，了解与熟悉这些矿物的成因、产状及主要用途。

二、实验目的与要求

（1）深入理解并掌握层状结构硅酸盐矿物硅氧骨干的组成特征，熟记其晶体化学式的通式。

（2）深入理解单位结构层的构成特点与矿物的形态和物理性质之间的因果关系。

（3）掌握主要层状结构硅酸盐矿物（带★者）的鉴定特征。

（4）了解主要矿物的成因、产状及主要用途。

三、实验内容与方法

借助小刀、放大镜等工具鉴定下列矿物。

1. 滑石★（Talc，$Mg_3[Si_4O_{10}](OH)_2$）

化学成分：常含有 Al、Fe^{2+}、Mn、Ni、Ca 等元素；含 33.7% FeO 者称铁滑石，含 30.6% NiO 者称镍滑石，含 Ca 者称钙滑石。

晶体结构：单斜晶系；对称型 $2/m$。晶体结构中由两层 $[SiO_4]$ 片间夹一层 $[MgO_4(OH)_2]$ 八面体片组成结构单位层（TOT 层），层间以弱的分子键相连。

鉴定特征：集合体常呈致密块状、片状或鳞片状，其中呈致密块状者称块滑石；颜色呈白色或微带浅黄色、粉红色、浅绿色、浅褐色等；解理面呈珍珠光泽；解理 {001} 极完全；薄片具有挠性；硬度特小；密度小；不导电；不溶于酸、碱；绝缘性强；耐火度高；富有滑腻感和滑润性；具有良好的吸附性和覆盖性。

成因与用途：滑石为热液蚀变及变质作用的产物，常产于富镁质的超基性岩与白云岩的热液蚀变带中。我国辽宁大石桥的滑石矿世界著名。它可作为造纸、涂料、塑料、橡胶、化妆品等行业的填料，也可作为陶瓷原料，还可用于滑润剂及镁质肥料工业中。

2. 叶腊石★（Pyrophyllite，$Al_2[Si_4O_{10}](OH)_2$）

化学成分：成分较纯，可含少量的 Fe、Mg、K、Na、Ca 等元素。含 Fe 者称铁叶蜡石。

晶体结构：单斜晶系；对称型 $2/m$。晶体结构与滑石相似，不同之处在于 Al^{3+} 占据了八面体空隙总数的 2/3，形成 TOT 型结构。

鉴定特征：集合体常呈叶片状、鳞片状或隐晶质致密块体或放射状；颜色呈白色、浅黄色、浅绿色等，加热可变成雪白色；半透明；致密块状者呈油脂光泽；解理平行 {001} 完全；硬度特别小；密度特别小；断口呈贝壳状；薄片具有挠性；块体柔软有滑感；耐高温，耐酸碱。

成因与用途：叶腊石系富铝岩石是遭受热液改造的产物，主要产于中、酸性喷出岩、凝灰岩、酸性侵入岩及结晶片岩的热液蚀变带中。光泽好、颜色鲜艳者可作为玉雕材料。我国福建所产的寿山石，浙江、内蒙古所产的鸡血石为名贵的印章雕材。二石主要由叶腊石组成。

3. 黑云母★（Biotite，$K(Mg,Fe)_3[AlSi_3O_{10}](OH)_2$）

化学成分：可含有 Na、Ca、Rb、Cs、Ba、Al、Ti、Mn、Li 等呈类质同象替换元素。当 $N_{Mg}:N_{Fe}<2:1$ 时为黑云母，当 $N_{Mg}:N_{Fe}>2:1$ 时为金云母，含 Cs 者称铯黑云母；当（Mg，Fe）被（Al，Fe）置换分别称铁叶云母、铁黑云母。

晶体结构：单斜晶系；对称型 $2/m$。晶体结构为 TOmT 型。与滑石相似，差异在于 $[SiO_4]$ 片中出现 $[AlO_4]$ 四面体代替 $[SiO_4]$，导致结构单位层出现多余的负电荷，由 K^+ 进入结构单位层之间的层间域来平衡电价。

鉴定特征：晶体常呈假六方板状或锥形短柱状，也可呈片状或鳞片状集合体；颜色呈黑色、深褐色，含 Ti 高者呈浅褐红色；透明至半透明；解理面具有珍珠光泽或晕彩；解理平行 {001} 极完全；解理片具有弹性；硬度小；密度较小；绝缘性差。

成因与用途：主要产于中、酸性火成岩与区域变质岩中，是主要的造岩矿物之一。常作为建筑材料及填料使用。

4. 金云母★（Phlogopite，$KMg_3[AlSi_3O_{10}](OH)_2$）

化学成分：可含有 Fe、Na、Ca、Ba、Al、Mn 等元素。Mg 与 Fe 存在完全类质同象替换关系，Mg：Fe>2：1。含 Mn 高者称锰金云母，富含 Cr 者称铬金云母。

晶体结构：单斜晶系；对称型 m 或 $2/m$。晶体结构同黑云母结构，为 TomT 型。

鉴定特征：晶体呈假六方板状、短柱状，集合体呈片状或鳞片状，有横纹；颜色常呈黄褐—浅棕色—浅绿色—红棕色；半透明至透明；解理面具有珍珠光泽；解理平行 {001} 极完全；硬度小；密度小；薄片具弹性；不导电；耐高温；耐酸、耐碱、耐化学腐蚀；耐各种辐射 。

成因与用途：金云母主要产于接触交代灰岩及超基性岩中，为酸性侵入体与富镁的碳酸盐围岩发生接触交代的产物。质地纯的金云母可作为耐热绝缘材料。

5. 白云母★（Muscovite, $KAl_2[AlSi_3O_{10}](OH)_2$）

化学成分：可含有 Na、Rb、Cs、Ca、Ba、Fe、V、Cr、Mg、Li 等呈类质同象代替元素。富含 Mn 者称淡云母，富含 V 者称钒云母，Na 代替 K 者称钠云母；若 H_3O^+ 置换了 K^+，称之为水白云母；若晶体化学式中 Si 与 Al 的个数比大于 3∶1，称之为多硅白云母 。

晶体结构：单斜晶系；对称型 2/*m*。晶体结构为 TOaT 型，在八面体片（O）中 Al^{3+} 占领结构位置的 2/3。

鉴定特征：晶体呈假六方片状、板状，可形成巨大的晶体；呈细鳞片状的白云母称绢云母。颜色呈无色（白色），含杂质者呈粉红、浅黄色、鲜绿色、褐色等；透明；解理面呈珍珠光泽，绢云母呈丝绢光泽；{001} 解理极完全；薄片具弹性；硬度小；密度小；绝缘性能极好；耐酸、抗碱、防水、防潮；抗各种辐射。

成因与用途：白云母为内生与变质作用产物，产于酸性岩浆岩、伟晶岩、云英岩、片岩、片麻岩中。因优异绝缘性与耐热性而广泛用于电气工业中作为绝缘材料，也可作为填料用于油漆、橡胶等工业中。

6. 锂云母（鳞云母）★（Lepidolite, x=0~0.5 ｛$KLi_{2-x}Al_{1+x}[Al_{2x}Si_{4-2x}O_{10}](F,OH)_2$｝）

化学成分：成分变化大，可含 Na、Rb、Cs、Fe、Mn、Ca、Mg、Ti 及 F 等呈类质同象置换的元素。含大于 3.5% Li_2O 者称锂云母，含小于 3.5% Li_2O 者称锂白云母。Li 和 Fe 是完全类质同象系列。

晶体结构：常见的多型为 1M，为单斜晶系；对称型 2/*m*。晶体结构与黑云母相似，结构类型为 TOmT 型，Li^+ 优先占据有对称面通过的八面体位置。

鉴定特征：晶体呈假六方形，发育完好者少见；集合体呈片状、鳞片状，也可见球状集合体；常见云母律双晶；颜色呈玫瑰色、浅紫色或桃红色；解理面呈珍珠光泽；解理 {001} 极完全；薄片具有弹性；硬度小；密度较小。

成因与用途：锂云母主要产于花岗伟晶岩及与花岗岩有关的高温气成热液矿床中。我国华南地区有产出。锂云母为提取锂的主要矿物原料，其中细粒致密集合体可作为玉石材料（玉石界称之为“丁香紫”）。

2019 年 10 月，我国发现了新矿物氟来锂之母，是我国发现的第 135 种新矿物，提升了我国矿物学研究水平。

7. 铁锂云母（Zinnwaldite, $K\{(LiFeAl)[AlSi_3O_{10}](F,OH)_2\}$）

化学成分：铁锂云母为 Li-Fe 系列云母中的中间成员，其中，K 可被 Na、Ba、Rb、Sr、Ca 等代替，八面体片（O）中的 Li、Fe、Al 可被 Ti、Mn、Mg 代替；F∶OH<1∶1。

晶体结构：单斜晶系；对称型 *m*。晶体结构与锂云母相同，均为 TOmT 型。

鉴定特征：晶体呈假六方片状，集合体呈鳞片状；颜色呈灰褐色、黄褐色、暗绿色及浅绿色；解理面呈珍珠光泽；解理 {001} 极完全；薄片具有弹性；硬度小；密度较小。

成因与用途：铁锂云母是气成热液环境形成的矿物，常产于伟晶岩和云英岩中。它为提取锂的矿物原料之一。

8. 伊利石★(Illite, $x = 0.25\sim0.5K_{1-x}$, $(H_2O)_x\{Al_2[(Si_{3+x}Al_{1-x})O_{10}](OH)_2\}$)

化学成分：成分与白云母相似，四面体片(T)中的 Si : Al>3 : 1，K_2O、Al_2O_3 含量较低，SiO_2、H_2O 含量较高，可含有少量的 Na、Ca、Mg、Fe 等元素。以 Na 为主者称钠伊利石。

晶体结构：单斜晶系；对称型 2/*m*。结构为 TOaT 型，常见多型为 1M。

鉴定特征：集合体呈致密块状；晶粒细小，为显微或超显微鳞片状；颜色呈白色，带黄色、绿色、褐色调；致密块体呈油脂光泽；{001} 解理完全；硬度特别小；密度小；有滑感。

成因与用途：伊利石常见于黏土及黏土岩中，由长石、云母岩风化或由其他黏土矿物转化而来。隐晶块体可作为雕刻材料。

9. 蛭石★(Vermiculite, $(Mg,Ca)_{0.5}(H_2O)_4\{(Mg,Fe,Al)_3[(Si,Al)_4O_{10}](OH)_2\}$)

化学成分：成分复杂多变，四面体片(T)中出现 $[AlO_4]$ 代替 $[SiO_4]$ 而产生多余负电荷，靠结构单位层间的 Mg^{2+} 进行电荷补偿。可含 K、Na、Ca、Fe、Ni、Cr、Li 等呈类质同象置换元素。

晶体结构：单斜晶系；对称型 *m*。晶体结构为 TOmT 型。单位结构层间可含有水分子层，水分子层外以氢键与结构单位层表面的桥氧相连；水分子层内彼此以弱的分子键连接；水分子层中，部分水与层间阳离子作八面体配位形成水化阳离子 $[X(H_2O)_6]$ 配位多面体，另外部分水处于游离状态。整个水分子层随着温度升高开始部分或全部脱水，导致晶体的 c_0 值由大逐渐变小。

鉴定特征：晶体多由云母转化而来，保持云母的片状、鳞片状特征；颜色呈带绿色调的褐色、黄褐色等；呈油脂光泽或珍珠光泽；{001} 解理完全；解理片具挠性；密度小；硬度特别小；灼烧时体积膨胀弯曲如水蛭，显浅金黄或银白色；具金属光泽。

成因与用途：蛭石为黑云母或金云母的热液蚀变产物，也可由基性岩受酸性岩浆变质改造而成。可作为绝热、隔音、绝缘材料及硬水软化剂，也可用在农业中作为肥料、农药的载体，还可用于环保领域作为处理废水的材料。

10. 绿泥石★(Chlorite, $(Mg,Fe,Al)_3(OH)_6\{(Mg,Fe,Al)_3[(Al,Si)_4O_{10}](OH)_2\}$)

化学成分：成分含量变化大，四面体片(T)中可发生 Al、Ti、Cr、Fe 等置换 Si，八面体片(O)中可有 Li、Al、Fe、Mg、Mn、Cr 间产生广泛的类质同象代替。富含 Mg 者称正绿泥石，富含 Fe 且呈胶状体者称鳞绿泥石，富含 Cr 者称铬绿泥石。

晶体结构：单斜晶系；对称型 2/*m*。晶体结构由 TOmT 层加 $[Mg(OH)_8]$ 八面体层(氢氧镁石层)交替排列而成。

鉴定特征：晶体常呈假六方片状或板状，较少见；集合体常为鳞片状、土状及球状。颜色呈灰绿色至暗绿色，也可呈橘红色或玫瑰色；条痕呈无色；解理面呈珍珠光泽；解理平行 {001} 极完全；硬度特别小；密度较小；薄片柔软具挠性；能溶解于强酸。

成因与用途：绿泥石为低温热液、低级区域变质和沉积作用的产物。富含镁的绿泥石常产于低级区域变质形成的绿泥石片岩和低温热液蚀变的围岩中；富铁绿泥石产于沉积铁矿中，在贫氧富铁的浅－滨海环境中可形成巨大的鲕绿泥石矿体。

11. 高岭石★(Kaolinite, $Al_4[Si_4O_{10}](OH)_4$)

化学成分:常含有 Na、K、Ca 等成分的机械混入物及 Mg、Fe、Cr、Cu 等呈类质同象置换的元素。

晶体结构:三斜晶系;对称型 $\bar{1}$。晶体结构为 TOa 型,即由 $[SiO_4]$ 层(T)与一个占 2/3 位 $[AlO_6]$ 层(O)组成结构单位层,沿 c 轴方向层层叠置而成。结构单位层间由氢键相连。在晶体结构中,四面体片(T)与八面体片(O)大小不同,导致四面体须经过相对转动和翘曲与八面体片(O)相适应。相邻的结构单位层沿 a 轴错开 $1/3a_0$,使得高岭石出现许多多型,最常见的 1Tc 多型。具有 $2M_1$ 多型者称迪开石,具有 $2M_2$ 多型者称珍珠陶石。

鉴定特征:单晶细小,集合体呈隐晶质致密块状或土状;质纯者呈白色,常因含杂质呈不同颜色;致密块体呈土状光泽或蜡状光泽; {001} 解理极完全;硬度小;密度小;土块体粗糙,干燥时具有粘舌感,湿态具有可塑性;具有良好的烧结性;耐火度高;绝缘性好;化学性质特别稳定。

成因与用途:高岭石主要为富铝硅酸盐的火成岩及变质岩在酸性环境中经风化或热液交代形成的产物。主要用于陶瓷、电瓷、纺织、造纸、橡胶、塑料、颜料等工业中作漂白剂和配料;还可人工合成 0.4 nm 沸石。高岭石的名称来源于我国江西景德镇的高岭山,该地产的高岭石闻名全球。

12. 蛇纹石★(Sepentine, $Mg_6[Si_4O_{10}](OH)_8$)

化学成分:常有 Fe、Mn、Ni、Cr、Al 等呈类质同象置换的元素。

晶体结构:单斜晶系;对称型 $2/m$。晶体结构为 TO 型的三八面体型结构。与高岭石晶体结构相似,只是八面体层(O)中空隙全部被 Mg^{2+} 占领。在晶体结构中,四面体片(T)的 $b = 0.915$ nm,八面体片(O)的 $b = 0.945$ nm,由于四面体片(T)与八面体片(O)不相适应,须在八面体片(O)中用 Al^{3+}、Fe^{3+} 等小半径离子置换半径较大的 Mg^{2+},在四面体片(T)中用 Al^{3+}、Fe^{3+} 等大半径离子代替 Si^{4+},从而形成具有板状结构的利蛇纹石亚种;当八面体片(O)或四面体片(T)形成具有卷曲形成管状结构,则构成纤蛇纹石亚种;当采取四面体片(T)在内八面体片(O)在外的结构单位层弯曲褶皱结构时,则形成叶蛇纹石亚种。

鉴定特征:单晶呈叶片状或鳞片状,少见;集合体为致密块状和胶状;表面具波状柔皱;颜色常呈黄绿色、黑绿色、深绿色、白色等,并常具有青、绿斑,状如蛇皮;具蜡状—油脂光泽;{001} 解理极完全;硬度小;密度小;不导电;隔热绝缘;耐酸性差。纤维状蛇纹石称蛇纹石石棉,高温下蛇纹石石棉的抗拉强度比角闪石石棉要高。

成因与用途:蛇纹石主要是富镁岩石遭受热液作用的产物。其应用广泛,主要用作建筑、防火等材料;农业上用作镁硅肥料;质地细密者称岫玉,为著名玉雕材料。我国四川石棉县产蛇纹石石棉的纤维长度可达 2 m 以上。

13. 多水高岭石(叙永石,埃洛石)★(Halloysite, $Al_4[Si_4O_{10}](OH)_8 \cdot 4H_2O$)

化学成分:可含 Fe、Mg、Ca、Cr、Cu、Na、K 等混入元素。含 Fe 者称铁多水高岭石,含 Cu 者称铜多水高岭石,含 Cr 者称铬多水高岭石,含 Ni 者称镍多水高岭石。

晶体结构:单斜晶系;对称型 m。晶体结构为 TOa 型,可看作被水分子层隔离开的高岭石结构。

鉴定特征：呈致密块状、土状或粉末状集合体；颜色为带有天蓝色调的白色；具土状—蜡状光泽；粘舌；具有滑感；硬度小；密度小；不具膨胀性；加水后裂开呈棱角状。

成因与用途：多水高岭石为典型的表生矿物，主要为富铝的岩浆岩在酸性介质下的风化产物，也可形成于含沉积黏土的煤系地层中。可作为陶瓷工业原料。

14. 蒙脱石（微晶高岭石或胶岭石）*（Montmorillonite，$x=0.2\sim0.6E_x(H_2O)_4\{(Al_{2-x},Mg_x)_2[(Si,Al)_4O_{10}](OH)_2\}$）

化学成分：E 为结构单元层间可交换的 Na^+、Ca^{2+}、K^+、Li^+ 等层间阳离子。层间阳离子为 Na^+ 者称钠蒙脱石，为 Ca^{2+} 者称钙蒙脱石，为 K^+ 者称钾蒙脱石，为 Li^+ 者称锂蒙脱石。八面体片（O）中 Al 可被 Mg、Fe、Zn、Ni、Li、Cr 等置换，四面体片（T）中 Si 可被 Al、Fe、Cr 等置换，二者被置换均产生多余的负电荷；结构单元层间可含有层间水和吸附有机分子，二者的数量取决于层间阳离子的种类与环境的湿度。

晶体结构：单斜晶系；对称型 $2/m$。晶体结构为 TOaT 型。c_0 变化与结构单位层间含水分子层的数目多少有关。

鉴定特征：常呈土状隐晶质块体；颜色呈白色、浅灰色、粉红色、浅绿色；鳞片状者 {001} 解理完全；硬度特别小；密度小；柔软；有滑感；加水膨胀，体积增大几倍；具有很强的吸附性及离子交换性。

成因与用途：蒙脱土主要是基性岩在碱性环境下风化的产物，也有海底沉积火山灰分解的产物。它是构成膨润土的主要矿物，可广泛用于石油、纺织、橡胶、塑料、油漆、涂料、饲料、造纸等行业中。

15. 葡萄石*（Prehnite，$Ca_2Al[AlSi_3O_{10}](OH)_2$）

化学成分：可含少量 Fe、Mg、Mn、Na、K 呈类质同象置换的元素。

晶体结构：斜方晶系；对称型 mmm。晶体结构是界于层状和架状之间的硅氧骨干，这种过渡类型的硅氧骨干是由三层 $[(Si,Al)O_4]$ 四面体通过角顶连接而形成的平行于（001）的葡萄石特有的架层状结构。

鉴定特征：晶体呈柱状、板状，较少见；集合体呈葡萄状、肾状、放射状、束状及致密块状；颜色呈白色、浅黄色、肉红色及带各色调绿色；解理 {001} 完全；硬度中等；密度中等。

成因与形状：葡萄石为接触变质后期热液作用的产物。晶体在玄武岩气孔中呈板状、束状、扇状形态。

16. 坡缕石（凹凸棒石）*（Palygorskite，$(Mg,Al)_5(H_2O)_4[(Al,Si)_4O_{10}](OH)_2\cdot4H_2O$）

化学成分：可有 Fe、Ca 呈类质同象置换 Al、Si。

晶体结构：单斜晶系；对称型 $2/m$。结构为链层状结构，属于 2∶1（TOT）型。四面体片（T）中的活性氧沿 b 轴呈周期性反向排列，任意两层四面体片（T）之间，活性氧与活性氧相对，桥氧与桥氧相对。在活性氧相对的位置上，活性氧与 OH^- 层呈紧密堆积，阳离子充填于八面体空隙形成沿 c 轴无限延伸的八面体片带。构成的 TOT 的 I 字型带宽为辉石链的 2 倍。在桥氧相对的位置上形成的宽大通道为水分子占领，水分子中既有结构水，也有在带的边缘与八面体阳离子配位的结晶水，还有处于通道中以氢键相连的沸石水。

鉴定特征：常呈纤维状、土状集合体；颜色呈白灰色、浅绿色、浅褐色；具有 {011} 解理；硬度小；密度小；热液成因者呈纤维状，纤维柔软，具有强的吸附性；沉积成因者形成大型黏土矿床，土质细腻，具滑感；具有良好吸附性；吸水性强；遇水不膨胀；湿时具有黏性和可塑性；具有阳离子交换性能。

成因与用途：坡缕石形成于沉积作用或热液蚀变作用中，与沉积、风化、火山活动有关。它可作为特殊泥浆材料，也可广泛用于食品、酿造、医药、环保、国防、畜牧、橡胶、塑料、纸张、陶瓷等行业中。

17. 海泡石★（Sepiolite，$Mg_8(H_2O)_4[Si_6O_{15}]_2(OH)_4\cdot 8H_2O$）

化学成分：MgO 含量高，Al_2O_3 含量低，八面体片（O）中 Mg^{2+} 可被 Al^{3+}、Fe^{3+}、Ni^{2+}、Ca^{2+}、Na^{+} 等替换；四面体片（T）中 Si^{4+} 可被 Al^{3+}、Fe^{3+} 等替代。

晶体结构：斜方晶系；对称型 *mmm*。结构与坡缕石相似，差异在于海泡石的 I 字型的 TOT 带宽为辉石链的 3 倍，通道的横截面积比坡缕石的大。

鉴定特征：呈纤维状、土状集合体；颜色呈白色、浅灰色、褐红色等；硬度小；密度小；性软；有滑腻感；具有吸附性；具有抗盐性、阳离子交换性等。

成因与用途：海泡石有内生与外生之分，外生见于蛇纹岩风化壳中；沉积形成的海泡石见于碳酸盐中。用途广泛。

18. 累托石（Rectorite，理想晶体化学式为云母晶层 $(Na,Ca,K)_2\{Al_4[Si_6Al_2O_{20}](OH)_4\}$）

蒙皂石晶层 $E_{0.66}\{(Al,Mg)_4[(Si,Al)_8O_{20}](OH)_4\}$

化学成分：SiO_2、Al_2O_3、H_2O 三者含量之和为 90%，MgO、Fe_2O_3、FeO、MnO、Na_2O、K_2O、CaO 含量之和为 10%。层间为 Na^{+} 者称钠托石，层间为 K^{+} 者称钾累托石，层间为 Ca^{2+} 者称钙累托石。

晶体结构：单斜晶系；晶体结构由沿 *c* 轴云母晶层与蒙皂石晶层相间堆叠而成。

鉴定特征：集合体呈土状、细片状；颜色呈白色、灰色、绿灰色、黄褐色、黄色；{001} 极完全解理；解理片具挠性；硬度极小；密度小；具滑感；遇水膨胀。

成因与用途：累托石形成于热液蚀变与沉积作用中，用途广泛。

四、实验记录格式与观察要求

实验记录格式的要求与前边的相同。但观察时要注意云母类及其相似的层状结构硅酸盐矿物的颜色变化，解理片的弹、挠性，解理面的光泽及晶体单体与集合体形态的变化特征，温石棉与角闪石石棉的区别。

五、课外作业

层状结构硅酸盐矿物中硅氧骨干的结构、组合特征对其矿物的形态及物理性质有何影响？

实验十　架状结构硅酸盐矿物

一、实验前准备工作

复习教材中有关架状结构硅酸盐矿物一节的全部内容，重点理解长石族、似长石族与沸石族矿物的硅氧骨干，特别是次级结构单元特点；熟悉 [SiO_4] 四面体在三维空间的连接方式、延伸方向及化学键的特征；熟悉其他阳离子的种类、半径、电荷的大小、配位方式及在晶体结构中出现的位置；分析架状结构中不同的次级结构单元对矿物的形态、物理性质的制约作用；了解与熟悉主要矿物的形成条件及主要用途。

二、实验目的与要求

（1）掌握架状结构硅酸盐矿物的基本结构类型，特别是次级结构单元构成、形状及空间分布特征，学会用次级结构单元特征分析矿物形态与物理性质。

（2）熟悉架状结构硅酸盐中其他阳离子的种类、电荷、离子半径及在晶体结构中所起的作用。

（3）掌握主要架状结构硅酸盐矿物（带★者）的鉴定特征。

（4）了解架状结构硅酸盐矿物的成因与用途。

三、实验内容与方法

借助小刀、放大镜等鉴定下列矿物。

1. 透长石★（Sanidine，K[$AlSi_3O_8$]）

化学成分：常含数量不等 Ab 分子，也含少量的 Ba、Rb、Ca 等元素。

晶体结构：单斜晶系；对称型 2/*m*。晶体结构中 4 个 [（Si，Al）O_4] 四面体相互共用角顶形成四元环，四元环与四元环又相互共用角顶连接成曲轴状的链且平行于 *a* 轴延伸，链与链之间又以桥氧连接成沿三维空间伸展的骨架。大空隙为 K^+、Na^+、Ca^{2+}、Ba^{2+} 等阳离子充填。

鉴定特征：晶体呈短柱状或厚板状，常见卡斯巴双晶；颜色呈白色或无色；透明；具玻璃光泽；解理 {001}、{010} 完全；硬度中等；密度小 。

成因与用途：透长石主要产于酸性喷出岩及浅成岩中，为高温造岩矿物。色泽美丽可以为宝石。

2. 正长石★（Orthoclase，$KAlSi_3O_8$）

化学成分：含 Ab 分子可达 20%~50%，K 可被 Ba、Na 置换。

晶体结构：单斜晶系；对称型 2/*m*。 晶体结构与透长石相似，差异在于以 Al 代替 Si，有一定程度的有序性。

鉴定特征：晶体呈短柱状或平行于 {010} 的厚板状；{110} 特别发育的特殊形态者称冰长石。常见卡斯巴双晶。颜色呈肉红色、褐黄色、浅黄色色、灰白色及浅绿色；透明—半透明；解理 {001} 与 {010} 完全；硬度中等；密度小。

成因与用途：正长石为酸性岩、中性岩及碱性岩的主要组成矿物，产于花岗岩、花岗闪长岩、二长岩、正长岩、霞石正长岩、碱性辉长岩及相应的喷出岩中，在伟晶岩中可形成巨晶，也可产于花岗片麻岩及正长片麻岩中。它可作为陶瓷、玻璃工业的矿物原料,也可作为提取钾肥的矿物原料 。

3. 微斜长石★(Microcline, $K[AlSi_3O_8]$)

化学成分:常含有 Ab 分子(20%~30%), Ab 分子超过 Or 分子者称钠微斜长石。含有 Rb_2O(1.4%~3.3%)、Cs_2O(0.2%~0.6%),呈绿色者称天河石,绿色的深浅与 Rb 的含量大小有关。

晶体结构:三斜晶系;对称型 $\bar{1}$ 。晶体结构与透长石相似,差异在于以 Al 代替 Si,呈现完全有序状态。

鉴定特征:晶体呈短柱状、厚板状、片状、粒状或致密块状。常具有按肖钠长石律与钠长石律复合形成 90° 交角的格子状双晶。晶粒中也发育有因固溶体分离而形成的钠长石条片嵌晶,称之为条纹长石;在伟晶岩中可见一种由石英和微斜长石组成的规则连生体,形如古代象形文字,被称为文象结构。颜色呈白色、肉红色;具玻璃光泽; {001} 与 {010} 完全;硬度中等;密度小。

成因与用途:微斜长石作为酸性岩、碱性岩、伟晶岩的主要造岩矿物,在片岩、片麻岩、混合岩中也有分布。其可作为玻璃、陶瓷工业的矿物原料;天河石可作为提取 Rb、Cs 的原料及装饰或雕刻工艺的原料;含 K 高的微斜长石可作为提取钾肥的原料。

4. 斜长石★(Plagioclase, $Na_{1-x}Ca_x[Al_{1+x}Si_{3-x}O_8, x = 0\sim1]$

化学成分:由 Ab 分子与 An 分子组成的类质同象系列统称斜长石。常按 An 分子的百分数表示斜长石的成分,习惯上将斜长石划分成以下六个亚种:

(1)钠长石($Ab_{100\sim90}An_{0\sim10}$);

(2)奥长石($Ab_{90\sim70}An_{10\sim30}$);

(3)中长石($Ab_{70\sim50}An_{30\sim50}$);

(4)拉长石($Ab_{50\sim30}An_{50\sim70}$);

(5)培长石($Ab_{30\sim10}An_{70\sim90}$);

(6)钙长石($Ab_{10\sim0}An_{90\sim100}$)。

按 An 的含量也可分为:

(1)酸性斜长石($An_{0\sim30}$);

(2)中性斜长石($An_{30\sim60}$);

(3)基性斜长石($An_{60\sim100}$)。

晶体结构:三斜晶系;对称型 $\bar{1}$ 。钙长石的 c_0 值为钠长石的 2 倍,表明 An 与 Ab 之间的类质同象不完全,其中间部分均为固溶体溶离作用产生的连生体。$An_{1\sim5}$ 至 $An_{21\sim25}$ 范围内具有晕长石连生,为富钙的斜长石与具有低钠长石结构的钠长石的超显微连生体。晕长石表现出浅蓝色至乳白色的晕彩。$An_{25\sim70}$ 具有特殊的连生,在特定方向可见蓝、紫等色彩的变色,称之为拉长石晕彩。

鉴定特征:晶体沿 {010} 呈板状,呈叶片状产出的称叶钠长石。晶体多具有聚片双晶,多数为钠长石律或肖钠长石律双晶;卡斯巴双晶也常见。颜色呈无色、白色、灰色;解理平

行 {010} 完全；硬度中等；密度小。

成因与用途：斜长石为岩浆岩和变质岩的主要组成矿物，其中晕长石可作为宝石原料。

5. 白榴石★（Leucite，$K[(SiAl)_2O_6]$）

化学成分：常含有 Na、Cs、Li、Ca 等元素及 H_2O 等组分 。

晶体结构：四方晶系；对称型 4/*m*。温度在 605 ℃以上则转变为等轴晶系（β- 白榴石）；对称型 *m*3*m*。晶体结构中 $[SiO_4]$ 与 $[AlO_4]$ 组成四联环与六联环，环彼此相互连接构成架状，K^+ 则位于 12 个 O^{2-} 构成的空隙中。晶体结构中有许多空腔，可被水分子占有。

鉴定特征：晶体常见四角三八面体晶形假象，晶面可见双晶纹；颜色呈白色、灰色，有时带浅黄色调；断口呈油脂光泽；无解理；硬度中等；密度较小；遇 HCl 能分解。

成因与用途：白榴石产于富钾富铝贫硅的喷出岩及浅成岩中，为白榴石响岩、白榴石玄武岩、白榴粗面岩、白榴斑岩、白榴岩等岩石的重要组成矿物。白榴石不稳定，受后期热液改造转变为霞石和钾长石，但保留白榴石的外形，称之为假白榴石。可作为提取 K 和 Al 的矿物原料。

6. 霞石★（Nepheline，$KNa_3[SiAlO_4]_4$）

化学成分：Si ∶ Al>1 ∶ 1；可含有 Ca、Mg、Mn、Li、Be 等元素，Al 不足。

晶体结构：六方晶系；对称型 6。晶体结构特点为 2/3 的 Al^{3+} 与 1/3 的 Al^{3+} 在结构中的位置不同。

鉴定特征：晶体常呈六方柱状、短柱状、厚板状，貌似单晶的双晶较为常见；集合体呈粒状或致密块状。颜色为无色或白色，可带浅红色、浅褐色、浅黄色调；断面呈油脂光泽的块状体称脂光石；无解理；断口呈贝壳状；硬度中等；密度小。

成因与用途：霞石产于富钠贫硅富铝的碱性正长岩等有关的火成岩及伟晶岩中，与石英不能共生；为提取铝和制造玻璃、陶瓷、苏打、颜料的矿物原料。

7. 方钠石（Sodalite，$Na_8[AlSiO_4]_6Cl_2$）

化学成分：方钠石可含少量的 K、Ca 置换 Na，可有少量 S 取代 Cl 形成紫方钠石，具有发光性，Be 置换 Al 形成铍方钠石，青金石为前三种矿物离子互换的结果。

晶体结构：等轴晶系；对称型 $\bar{4}3m$ 。晶体结构为 $[(Al, Si)O_4]$4 个角顶共用连接形成笼子状的硅氧骨干，它由 $[Al_2Si_2O_8]$ 形成四元环、$[Al_3Si_3O_{12}]$ 构成六元环。平行于 {100} 方向上的 6 个四元环和平行于 {111} 方向上的 8 个六元环组成面体状的“空洞”（被称为笼）。六元环为 2 个笼共用，六元环形成一个通道，通道平行于三次轴，相交于晶胞角顶和中心，附加阴离子或络阴离子团占据笼的中心。Na^+、Ca^{2+} 则占据通道中环的中心位置，Na、Ca（CN）=8。晶体结构中空隙多，晶胞体积大，变形程度小，因而对称性高。

鉴定特征：单晶体呈 {110} 或 {110} 与 {100} 聚形，常见为圆粒集合体；颜色呈天蓝、灰、红、黄、绿等色，以蓝色为典型色；紫外光下发橘红色荧光；断面呈油脂光泽；条痕呈无色；硬度中等；密度小。

成因与用途：方钠石产于霞石正长岩、响岩、粗面岩及火山角砾岩、火山弹中；黝方石仅产于响岩或 SiO_2 不饱和的岩石中；蓝方石产于响岩、碱性玄武岩及高级接触变质带中。青金石(海蓝色)可作为宝石矿物原料。

8. 日光榴石(Helvite, $Mn_8[BeSiO_4]_6S_2$)

化学成分:成分变化大,Fe、Zn 可代替 Mn。

晶体结构:等轴晶系;对称型 $\bar{4}3m$。晶体结构为方钠石型,即以 Mn 代替了 Na 的位置,Be 替换了 Al。

鉴定特征:单晶体呈四面体或球状块体,常依 {111} 形成贯穿双晶;集合体呈粒状或致密块状;颜色呈黄色、黄褐色及绿色;透明;具玻璃光泽或树脂光泽;条痕呈无色;解理 {111} 中等;断口呈贝壳状;硬度中等;密度较大。

成因与用途:日光榴石产于花岗伟晶岩及接触交代矿床中,也见于片麻岩中;可作为提取铍的矿物原料。

9. 香花石(Hsianghualite, $Ca_3Li_2[BeSiO_4]_3F_2$)

化学成分:成分中 Na、K 可替换 Ca,Al、Mg、Fe 在碱性热液环境中可代替 Si 与 Be。

晶体结构:等轴晶系,对称型 23。晶体结构类似于方钠石结构,只是结构中以 $[BeO_4]$ 代替 $[AlO_4]$,Ca、Li 代替 Na,F 代替 Cl。这些替换的不相等性导致香花石晶体结构对称性降低。

鉴定特征:单晶体发育成球形,为 {211}、{110} 等单形组成十分复杂的聚形体;集合体呈粒状;颜色呈无色及带浅黄色调的乳白色;硬度中等;密度中等。

成因与用途:产于我国湖南燕山期花岗岩与泥盆系灰岩接触带中,为热接触交代矿物。该矿物是中华人民共和国成立后最早发现的新矿物。

10. 毛沸石(Erionite, $KNaCa[Al_2Si_6O_{16}]_2 \cdot 12H_2O$)

化学成分:可含少量的 Mg 元素。

晶体结构:六方晶系;对称型 6/*mmm*。晶体结构中 $[(Si, Al)O_4]$ 四面体组成六方柱状笼,相邻的笼以简单的六连环连接;笼的方向沿六次轴延伸,孔径为 0.36~0.52 nm。

鉴定特征:晶体呈羊毛状、纤维状或放射状;颜色呈白色;硬度小;密度小。

成因与用途:毛沸石产于玄武岩、流纹凝灰岩、流纹岩、玻璃质凝灰岩的裂隙或空洞中。

11. 丝光沸石(发光沸石)(Mordenite, $(Na,K,Ca)_2[AlSi_5O_{12}]_4 \cdot 12H_2O$)

化学成分:成分中 Na、K 高于 Ca,Na 高于 K,Si/Al = 4~6。可含 Mn、Mg、Ti、P 等元素。

晶体结构:斜方晶系;对称型 *mmm*。晶体结构为沿 *c* 轴方向由 $[(Al, Si)O_4]$ 形成的五连环构成的链状结构,具有平行于 *c* 轴和 *b* 轴的二维通道。前者孔径为 0.72 nm,后者孔径为 0.28 nm。干燥失水后形成具有离子交换能力的二维分子筛。

鉴定特征:晶体呈针状或纤维状,集合体呈放射状、束状、纤维状等;颜色呈白色、浅黄色,含 Mn 者呈玫瑰色;具玻璃或丝绢光泽;解理 {010} 完全;硬度小;密度小;热稳定性好;耐酸性强;天然产量高。

成因与用途:丝光沸石常见于火山岩杏仁洞及火山玻璃的水化物或沉积的自生矿中。我国的丝光沸石均产在中生代的酸性火山熔岩及酸性火山碎屑岩中。

12. 斜发沸石★(Clinoptilolite, $(Na,K,Ca)_{2\sim3}[Al_3(Al,Si)_2Si_3O_{16}] \cdot 12H_2O$)

化学成分:阳离子含量变化大,一般 Ca <(Na + K),按 Na、K、Ca 离子数量超过全部交

换阳离子数量的百分数（50%）可分为 Na 型、K 型、Ca 型及混合型。

晶体结构：单斜晶系；对称型 $2/m$。

鉴定特征：晶体呈板状、片状形态，集合体呈板状、片状；颜色呈无色、白色、浅黄色；解理 {010} 完全；硬度小；密度小。

成因与用途：斜发沸石主要产于强烈风化杏仁状玄武岩或蚀变的玻璃质凝灰岩中，可产于页岩及玻璃态转变为结晶态的火山玻璃中。我国主要产地为浙江缙云、安徽宣城、黑龙江海林、河北赤城。斜发沸石能吸收和贮存从核反应堆泄露出的放射性元素 Sr、Cs，也可从工业废气及农业污水中提取铵离子，具有保护环境、防止污染的效果，因而成为一种环保材料。

13. 片沸石（Heulandite，$(Ca,Na_2)[Al_2Si_7O_{18}]\cdot 6H_2O$）

化学成分：成分中 Si/Al 值变化大，在 2.9~3.45 之间，阳离子 Ca >（Na + K）；可含 Ba、Sr、K 等元素。

晶体结构：单斜晶系；对称型 $2/m$。晶体结构中 $[(Al,Si)O_4]$ 构成五连环和四连环，4 个五联环与 2 个四联环以角顶相连构成结构单位层（片），结构单位层（片）平行于（010）平面相互连接，形成片沸石晶体结构。

鉴定特征：晶体呈板状或片状，集合体呈平行连生片状体或分泌体；颜色呈无色、白色黄色或砖红色；解理面呈珍珠光泽；解理 {010} 完全；硬度小；密度小。

成因与用途：片沸石产于玄武岩、安山岩、辉绿岩等的空洞或裂隙中。

14. 方沸石（Analcite，$Na_2[AlSi_2O_6]_2\cdot 2H_2O$）

化学成分：可含少量 K、Ca、Mg 等元素 。

晶体结构：等轴晶系；对称型 $m3m$。晶体结构与方钠石相似，其中每一晶胞中 1/8 小立方体的三次轴方向由六连环围成一维通道（孔径为 0.698 nm）。

鉴定特征：单晶体呈 {211} 或 {100}、{211} 的聚形，集合体为粒状；颜色呈无色、白色或淡红色、浅绿色；断口呈参差状或贝壳状；硬度中等；密度小。

成因与用途：方沸石为高温沸石，形成温度上限为 525 ℃。可产于中性或基性火成岩晚期热液及细粒沉积砂岩中，为湖相沉积的凝灰岩蚀变、钠长石蚀变或正长石在富钠溶液蚀变的产物。

15. 菱沸石（Chabazite，$(Ca,Na)_2[AlSi_2O_6]_2\cdot 6H_2O$）

化学成分：成分中可有（Na，K）+Si 置换 Ca+Al，K_2 可置换 Na_2；也可代替 Ca、Sr，Ba 可取代 Ca。

晶体结构：三方晶系；对称型 $\bar{3}m$ 。晶体结构为 D6R（双层六连环）构成的柱体，以（ABCABC…的方式，借助歪斜的 S4R（四连环）连接而成，结构中的笼形似椭球。空隙大，由 6 个八连环形成 6 个 Ca^{2+} 与 4 个 H_2O 连接位于笼中。脱水后晶格微变形。晶体结构中空腔的体积占晶胞体积的 1/2。

鉴定特征：晶体呈近于立方体的较复杂菱面体形态，常见贯穿双晶；颜色呈无色、白色、浅红色或浅褐色；透明；具玻璃光泽；解理 $\{10\bar{1}1\}$ 中等；硬度中等；密度小。

成因与用途：主要产于玄武岩、安山岩及其他喷出岩的空洞中，也见于热液脉中。

四、实验记录格式与观察要求

实验记录格式与要求同前。注意：观察架状结构硅酸盐矿物在颜色、硬度、密度方面的差异，尤其注意其解理的发育程度、组数及解理间的夹角。

五、课外作业

（1）为什么架状结构硅酸盐矿物一般颜色浅，硬度大，密度小？

（2）钾长石与斜长石如何区别？

（3）为什么长石族矿物具有 {001} 和 {010} 解理？

（4）似长石族矿物与长石族矿物有什么异同点？

（5）沸石族矿物的物理性质有什么特点？它们在工农业上主要有什么用途？

（6）沸石族矿物的结构有什么特点？

（7）丝光沸石与透闪石如何区别？

（8）方柱石与斜长石、辉石怎样区别？

（9）白榴石为四方晶系，为什么常见有四角三八面体形态？

（10）为什么富含白榴石的火山岩地区土壤肥沃？

（11）霞石与正长石、石英怎样区别？

实验十一　碳酸盐矿物

一、实验前准备工作

复习教材中有关碳酸盐矿物一章的全部内容，重点理解方解石型与文石型结构中 $[CO_3]^{2-}$ 分布特点，熟悉这两种结构类型对阳离子的选择而引起矿物形态与物理性质的变化，了解方解石型结构的衍生结构白云石的特点，了解孔雀石及蓝铜矿的晶体结构与离子组成特征，熟悉这些碳酸盐矿物的成因及主要用途。

二、实验目的与要求

（1）掌握碳酸盐矿物中方解石型与文石型结构的特点与其他阳离子的组成特点；对矿物形态与物理性质的制约作用。

（2）了解其他碳酸盐矿物的结构及形态与物理性质。

（3）掌握主要碳酸盐矿物（带★者）的鉴定特征并能准确地描述。

（4）了解这些碳酸盐矿物的成因与用途。

三、实验内容与方法

借助小刀、放大镜等工具鉴定下列矿物。

1. 方解石★（Calcite，$Ca[CO_3]$）

化学成分：常含 Mn、Fe、Zn、Mg、Pb 等与 Ca 呈类质同象替代关系的元素。含 Mn 者称锰方解石，含 Fe 者称铁方解石，含 Zn 者称锌方解石，含 Mg 者称镁方解石。

晶体结构：三方晶系；对称型 $\bar{3}m$ 。晶体结构可视为 NaCl 型结构衍生结构，即用 Ca^{2+} 和 CO_3^{2-} 分别取代 NaCl 型结构中的 Na^+ 与 Cl^-，使立方面心晶胞沿三次轴方向压扁或拉伸呈菱面体形状，就变成方解石晶体结构。结构中 CO_3^{2-} 构成平面正三角形（用 $[CO_3]$ 表示），这些平面三角形均垂直于三次轴方向并呈层状分布，Ca^{2+} 也在垂直于三次轴方向排列成层并与 $[CO_3]$ 层沿三次轴方向交替排列 。每一 $[CO_3]$ 层中，$[CO_3]$ 三角形的方向一致，相邻 $[CO_3]$ 层中，$[CO_3]$ 三角形的分布方向相反。晶体结构具有 $\{10\bar{1}1\}$ 菱面解理。

鉴定特征：晶体的形态多种多样，常见柱状、板状、菱面体形状；常依 {0001} 形成接触双晶，也依 $\{01\bar{1}2\}$ 形成聚片双晶。集合体形态常呈粒状、片状、钟乳状、土状、多孔状、鲕状、豆状、结核状、葡萄状、被膜状及晶簇状等。呈由片状平行或近于平行形成的连生体称层解石，具有纤维状集合体者称纤维方解石。颜色常呈白色，透明、无色方解石称冰洲石；硬度较小；具有完全的 $\{10\bar{1}1\}$ 菱面体解理；密度小；具有发光性。

成因与用途：方解石可形成于外生海相地层、热液作用形成的矿脉及碳酸盐岩的岩浆作用中，在溶洞中可形成钟乳石。冰洲石是贵重的光学材料，由隐晶质方解石组成的灰岩可作为建筑材料、水泥原料、冶金熔剂，由隐晶质方解石组成的大理岩（又称汉白玉）可作为雕刻、建筑材料。

2. 菱镁矿★（Magnesite，$Mg[CO_3]$）

化学成分：常含 Ca、Fe、Mn、Co、Ni 等与 Mg 呈类质同象置换的元素。Fe 与 Mg 可形成完全类质同象代替。含 Fe 量大于 9% 者称铁菱镁矿，富含 Fe 者称菱铁镁矿，含 29.6% NiO 者称河西石。

晶体结构：三方晶系；对称型 $\bar{3}m$ 。晶体结构为方解石型，只是结构中 Ca^{2+} 的位置被 Mg^{2+} 占领。

鉴定特征：晶体呈菱面体形态，常为晶粒状或致密块状集合体。风化带中隐晶质者呈胶瓷状块体。颜色呈白色，常带浅灰色调，陶瓷状者呈雪白色；菱面体解理完全；陶瓷状者具有贝壳状断口；硬度较小；密度小。

成因与用途：菱镁矿主要形成于超镁质岩浆岩、白云岩或白云质灰岩的热液交代蚀变岩中，外生也可形成于沉积岩中。我国辽宁大石桥的菱镁矿矿床世界著名。菱镁矿可以提取金属镁，也可作为制造碱性耐火砖的材料，还可作为制造高镁水泥的材料。

3. 菱铁矿★（Siderite，$Fe[CO_3]$）

化学成分：常含 Mg、Mn、Ca 等与 Fe 呈类质同象置换的元素。Fe 与 Mn、Mg 可形成完全类质同象系列，Fe 与 Ca 形成不完全类质同象系列。含 Mn 者称锰菱铁矿，含 Ca 者称钙菱铁矿。也可含 Ti、Al、Zr、Co、Ba、B、Cd、Cu、U、P、S 等杂质元素。

晶体结构：三方晶系；对称型 $\bar{3}m$ 。晶体结构为方解石型，即以 Fe^{2+} 代替了方解石结构中 Ca^{2+} 的位置。

鉴定特征：晶体呈菱面体状、短柱状、扁三角面体状，集合体呈致密块状、粒状、结核状、球状、土状、葡萄状等。在沉积地层中形成的结核状菱铁矿呈球形或近似球形；隐晶质偏胶状的菱铁矿称球菱铁矿；在沼泽沉积中形成的非晶质或隐晶质凝胶状者称胶菱铁矿。颜色呈灰白色、浅黄色，风化后呈深褐色—棕红色—黑色；具玻璃光泽；硬度小；菱面体解理完全。

成因与用途：菱铁矿可形成于热液环境及外生沉积作用下，为还原条件下铁的碳酸盐矿物；沉积成因者常产于黏土、页岩和煤层中。大量聚集时可作为铁矿石使用。

4. 菱锰矿★（Rhodochrosite，Mn[CO_3]）

化学成分：常含 Fe、Ca、Zn、Mg 等呈类质同象置换的元素。Mn 与 Fe、Ca、Zn 可形成完全类质同象系列。含 Fe 者称铁菱锰矿，含 Ca 者称钙菱锰矿，含 Zn 者称锌菱锰矿，含 Mg 者称镁菱锰矿。也可含 Co、Cd 等元素。

晶体结构：三方晶系；对称型 $\bar{3}m$。晶体结构为方解石型，即以 Mn^{2+} 代替了方解石结构中 Ca^{2+} 的位置。

鉴定特征：晶体呈菱面体块，晶面弯曲；集合体呈块状、粒状、柱状、鲕状、肾状、皮壳状等。颜色呈淡玫瑰红色，氧化后呈褐黑色；菱面体解理完全；硬度较小；密度较大。

成因与用途：在热液作用、沉积作用及变质条件下均可形成菱锰矿，但以外生浅海相沉积作用形成的为主。菱锰矿为提取 Mn 的重要矿物原料。

5. 菱锌矿★（Smithsonite，$ZnCO_3$）

化学成分：Zn 与 Mn 可形成完全类质同象系列，Zn 与 Fe、Mg、Ca 可形成不完全类质同象系列。含 Fe 者称铁菱锌矿。也可含 Co、Cu、Pb、Cd、In 等杂质元素。

晶体结构：三方晶系；对称型 $\bar{3}m$。晶体结构为方解石型，即在方解石结构中以 Zn^{2+} 取代了 Ca^{2+} 的位置。

鉴定特征：单晶体呈菱面体，集合体呈肾状、葡萄状、钟乳状、皮壳状及土状等；颜色呈白色、浅灰色、浅黄色、浅绿色（含 Cu）、浅褐色（含 Fe）、肉红色（含 Mn）等；具玻璃光泽，解理面呈珍珠光泽；透明至半透明；菱面体解理完全；硬度中等；密度大。

成因与用途：菱锌矿产于含锌硫化物矿床氧化带中，为闪锌矿氧化分解交代碳酸盐矿物的产物；大量聚集时可作为提取锌的矿石原料。

6. 白云石★（Dolomite，$CaMg(CO_3)_2$）

化学成分：常含 Fe、Mn、Co、Zn、Pb 等可替代 Ca、Mg 的元素，其中 Fe 与 Mg 可形成完全类质同象系列。白云石中 Fe 含量的变化具有标型意义，当 Fe > Mg 时称之为铁白云石。Mn 可完全替代 Mg 形成锰白云石，含 Pb 者称铅白云石，含 Co 者称钴白云石，含 Zn 者称锌白云石。

晶体结构：三方晶系；对称型 $\bar{3}$。晶体结构为方解石型的衍生结构，即 Ca^{2+} 与 Mg^{2+} 有序地占据了方解石结构中 Ca^{2+} 的位置并沿三次轴方向呈交替层有规律地排列。

鉴定特征：晶体常呈弯曲马鞍状的菱面体形态，双晶纹平行于菱面体解理块的长短对角线；集合体呈粒状、致密块状、层状、肾状、多孔状等。颜色呈无色，含 Fe 呈黄褐色，含 Mn 呈浅红色；硬度较小；菱面体解理完全；解理面常弯曲；密度小。

成因与用途：白云石主要形成于外生海相沉积盆地中，也可形成于热液交代环境中；可见于岩浆成因的碳酸岩中，也可见于区域变质或接触变质形成的大理岩中。它可作为冶金熔剂、耐火材料和化工原料，也可作为建筑材料。

7. 文石（霰石）★（Aragonite，$CaCO_3$）

化学成分：常含 Sr、Pb、Zn、TR、Mg、Fe、Al 等与 Ca 呈类质同象代替的元素。含 Pb 者称铅文石,含 Zn 者称锌文石,含 Sr 者称锶文石,含 TR 者称稀土文石。

晶体结构:斜方晶系;对称型 *mmm*。晶体结构中 Ca^{2+} 与 $[CO_3]$ 按六方似紧密堆积的重复规律排列,每个 Ca2$^+$ 与周围的 6 个 $[CO_3]$ 中的 9 个 O^{2-} 构成不规则的 $[CaO_9]$ 配位多面体;Ca(CN)= 9。

鉴定特征:晶体呈柱状、针状或矛头状,常依 {110} 构成三连晶,呈假六方柱状;集合体为纤维状、柱状、结核状、珊瑚状、钟乳状、豆状、鲕状、球状、皮壳状或晶簇状等。颜色呈白色、黄白色、浅绿色;断口呈油脂光泽;解理平行 {010} 中等;硬度中等;密度小。

成因与用途:文石常形成于低温热液及外生生物化学作用条件下,为低温矿物,见于许多软体动物贝壳、珍珠层中。

8. 碳酸锶矿★(Strontianite, $SrCO_3$)

化学成分:常见 Ca 置换 Sr, Ca : Sr < 1 : 4.5 形成钙碳酸锶矿,也见少量的 Ba 置换 Sr 形成钡碳酸锶矿。

晶体结构:斜方晶系;对称型 *mmm*。晶体结构为文石型,即在文石结构中以 Sr^{2+} 代替了 Ca^{2+}。

鉴定特征:单晶体呈针状、柱状、矛头状,常依 {110} 构成连晶,呈假六方对称的柱状;集合体呈致密块状、粒状、放射状、纤维状等。颜色呈白色或灰白色,含杂质时呈黄白色、绿色、褐色等;具玻璃光泽;断面呈油脂光泽;解理 {110} 中等;硬度小;密度特别大;阴极射线下发浅蓝色荧光。

成因与用途:碳酸锶矿为中低温热液成因的矿物,也可形成于沉积岩中;可作为提取锶的矿物原料。

9. 碳酸钡矿(毒重石)★(Witherite, $BaCO_3$)

化学成分: 少量的 Ba 被 Sr、Ca 、Mg 等置换。

晶体结构: 斜方晶系;对称型 *mmm*。晶体结构为文石型,即以 Ba^{2+} 取代了文石结构中 Ca^{2+} 的位置。

鉴定特征:常以 {110} 构成假六方双锥的三连晶,晶面常见横纹;集合体呈致密块状、粒状、球状、肾状纤维状或葡萄状。颜色呈白色,常被染成灰色、浅黄色;具玻璃光泽,断口呈油脂光泽;解理 {010} 中等;硬度小;密度特别大。

成因与用途:碳酸钡矿可形成于内生的低温热液作用中,也可形成于外生的碳酸地表水作用下;可作为提取钡的矿物原料。

10. 白铅矿★(Cerussite, $PbCO_3$)

化学成分:可含与 Pb 呈类质同象置换的 Sr、Zn、Ca 等元素及 PbS、Ag_2S 等机械混入物。

晶体结构:斜方晶系;对称型 *mmm*。 晶体结构为文石型,即以 Pb^{2+} 取代了文石结构中 Ca^{2+} 的位置。

鉴定特征:单晶体呈柱状、板柱状、片状,依 {110} 构成假六方对称三连晶;集合体呈致密块状、粒状、钟乳状及土状。颜色呈白色或灰白色,含硫化物包体呈黑色;具玻璃—金刚光泽;断口呈油脂光泽;解理 {110} 中等;断口呈贝壳状;硬度小 ;密度极大。

成因与用途：白铅矿产于铅锌硫化物矿床氧化带中，为方铅矿氧化成铅矾（$PbSO_4$）再遭受碳酸水溶液作用的产物；量大时可作为提取铅的矿物原料。

11. 孔雀石★（Malachite，$CuCu[CO_3](OH)_2$）

化学成分：常有 Zn 代替 Cu 形成锌孔雀石，也可含有 Ca、Fe、Si、Ti、Na、Pb、Ba、Mn、V 等杂质元素或机械混入物 。

晶体结构：单斜晶系；对称型 2/*m*。晶体结构中 $[Cu(O, OH)_6]$ 八面体共棱连接成平行于 *c* 轴延长的双链，链间用 $[CO_3]$ 相连。

鉴定特征：单晶体常沿 *c* 轴呈柱状、针状或纤维状；集合体呈晶簇状、肾状、葡萄状或皮壳状、脉状、粉末状，内部呈同心层状或放射状构造；土状者称铜绿（石绿）。颜色呈浅绿—翠绿—暗绿色；条痕呈淡绿色；具玻璃—金刚光泽，纤维状者呈丝绢光泽；解理 {010} 完全；硬度较小；密度较大。

成因与用途：孔雀石常产于含铜硫化物矿床氧化带中，为含铜硫化物氧化后与含碳酸的水溶液反应的产物。质纯色美者可作为玉雕原料，粉末可作为绿色染料。我国广东阳春盛产孔雀石。

12. 蓝铜矿（石青）★（Azurite，$Cu_3(CO_3)_2(OH)_2$）

化学成分：成分稳定。

晶体结构：单斜晶系；对称型 2/*m*。

鉴定特征：晶体呈短柱状或厚板状，集合体呈晶簇状 、致密块状、粒状、钟乳状、放射状、土状或皮壳状、被膜状；颜色呈天蓝—深蓝色；条痕呈浅蓝色；具玻璃光泽；硬度较小；断口呈贝壳状；密度较大；性脆。

成因与用途：蓝铜矿产于铜矿床氧化带、铁帽及近矿裂隙中，为铜的次生矿物；质纯色美者可作为玉雕材料，粉末可作为蓝色染料。

13. 氟碳铈矿★（Bastnaesite，$(Ce,La,\cdots)(CO_3)F$）

化学成分：Ce 可被 La、Nd、Sm、Pr、Th、Y 等置换；可存在 3Th 置换 4Ce、（Th+F）置换 Ce、（Ca+Th）置换 2Ce、（OH）置换全部 F 的类质同象替代。富含（OH）者称羟氟碳铈矿，富含 Y 者称钇氟碳铈矿，含 Th 者称钍氟碳铈矿。也含 SiO_2、Al_2O_3、Fe_2O_3、P_2O_5 等机械混入物。

晶体结构：六方晶系；对称型 $\bar{6}m2$ 。晶体结构中 Ce-F 均匀组成垂直于 *c* 轴层状，$[CO_3]$ 平面平行于 *c* 轴且分布于 Ce-F 层间。

鉴定特征：单晶体呈六方柱状或板状，集合体呈细粒状、致密块状、肾状、球状；颜色呈黄褐色—浅绿色—褐色；条痕呈黄白色；透明—半透明；具玻璃—油脂光泽；性脆；裂理发育；硬度中等；密度大；具有放射性、弱磁性。

成因与用途：氟碳铈矿为分布广泛的稀土碳酸盐矿物，常产于碳酸岩、花岗岩、碱性花岗伟晶岩及热液矿床中，也可产于碱性接触交代矽卡岩中；外生成因产于碱性岩的风化壳及黏土岩中。可作为提取铈族稀土元素重要矿物原料。我国内蒙古白云鄂博含铈稀土铁矿床世界闻名。

四、实验记录格式与观察要求

实验记录格式及要求同前，但须注意：观察方解石型与文石型矿物的形态、解理、密度、硬度及颜色时要仔细，注意区分它们的不同点。

五、课外作业

（1）方解石型矿物在成分、结构、形态及物理性质上有何特点？

（2）文石型矿物在成分、结构、形态及物理性质上有哪些特征？

（3）孔雀石、蓝铜矿有何地质意义及用途？

（4）文石与方解石如何区别？

实验十二　其他含氧盐矿物

一、实验前准备工作

复习教材有关中“其他含氧盐”的内容，熟悉 SO_4^{2-}、PO_4^{3-}、BO_3^{3-}、BO_4^{5-}、WO_4^{2-}、VO_4^{2-}、AsO_4^{3-}、MoO_4^{2-}、CrO_4^{2-}、NO_3^- 的构成、稳定性以及与其结合的其他阳离子电荷、离子半径大小、配位数及配位多面体特点，尤其熟悉半径小的阳离子形成与结晶水有关的水化阳离子的特性，学会分析它们对矿物形态与物理性质的作用，了解这些主要矿物的形成条件及用途。

二、实验目的与要求

（1）掌握上述络阴离子团的构成、稳定性及存在的条件，与其结合的其他阳离子的电荷、离子半径大小及配位多面体的特点。尤其要熟悉水化阳离子的存在与稳定条件，并依次对矿物的形态与物理性质进行合理的分析。

（2）掌握主要矿物（带★者）的鉴定特征并能准确地进行科学描述。

（3）了解这些矿物的成因与用途。

三、实验内容与方法

借助小刀、放大镜等工具鉴定下列矿物。

1. 重晶石★（Barite，$BaSO_4$）

化学成分：常含有 Pb、Sr、Rb、Ca 等呈类质同象替代的元素，其中含 Pb 量高的重晶石被称为北投石。也含有 Fe_2O_3 及有机质混入物。

晶体结构：斜方晶系；对称型 *mmm*。晶体结构中 Ba^{2+} 处于晶胞 b_0 3/4 及 1/4 位置，与 7 个 $[SO_4]$ 之间的 12 个 O^{2-} 形成不规则 $[BaO_{12}]$ 配位多面体。晶体结构为 $[BaO_{12}]$ 多面体与 $[SO_4]$ 四面体以角顶相连接而成。Ba（CN）=12；S（CN）、O（CN）=4。

鉴定特征：晶体沿 {001} 发育成板状，集合体呈粒状、板状、纤维状及具有同心带状构造的钟乳状、结核状；颜色为无色、灰白色、浅黄色、淡褐色等；解理面呈珍珠光泽；具有假立方体解理；硬度较低；密度很大。

成因与用途：重晶石主要产于低温热液脉中，也形成于外生沉积岩中；可作为提取 Ba 的原料，也可作石油钻井泥浆加重剂、X 射线防护剂，还可用于橡胶、化工、造纸、医药等行业中。

2. 天青石★（Celestite，$SrSO_4$）

化学成分：常含 Ba、Ca 等元素。Ba 与 Sr 可形成完全类质同象系列，Ca 与 Sr 形成部分类质同象系列。

晶体结构：斜方晶系；对称型 *mmm*。晶体结构为重晶石型，即以 Sr^{2+} 取代了重晶石结构中 Ba^{2+} 的位置。

鉴定特征：单晶少见，多为钟乳状、结核状或细粒集合体；颜色呈天蓝色；具玻璃光泽，解理面呈珍珠光泽；具有假立方体解理；硬度较小；密度特别大；紫外线下显荧光。

成因与用途：重晶石外生沉积作用产物，常以凸透镜体产于沉积岩中，在矿床剖面上表现从下往上碳酸盐—天青石—石膏沉积顺序；少数为低温热液产物。可作为提取 Sr 的主要矿物原料。

3. 铅矾★（Anglesite，$PbSO_4$）

化学成分：混入物少，可含少量的 Ba。

晶体结构：斜方晶系；对称型 *mmm*。晶体结构为重晶石型，即以 Pb^{2+} 取代了重晶石结构中 Ba^{2+} 的位置。

鉴定特征：晶体呈板状、短柱状、锥状；集合体呈粒状、致密块状、结核状、钟乳状等，常呈同心带状包围在方铅矿表面。颜色呈无色—白色—灰色—浅黄—浅绿色—褐色等，含方铅矿的包体呈暗灰至黑色；具金刚光泽；解理 {001} 中等；断口呈贝壳状；硬度小；密度特别大；紫外光下显荧光。

成因与用途：主要产于铅锌硫化物矿床氧化带中，为方铅矿氧化作用而形成的产物，常与白铅矿伴生。可作为提 取铅的矿石。

4. 硬石膏★（Anhydrite，$Ca[SO_4]$）

化学成分：常含有少量的 Sr、Ba 元素。

晶体结构：斜方晶系；对称型 *mmm*。晶体结构中，在（100）与（010）面上 Ca^{2+} 与 $[SO_4]$ 分布成层；在（001）面上 $[SO_4]$ 则呈不平整层，Ca^{2+} 位于 4 个 $[SO_4]$ 之间，与其中 8 个 O^{2-} 形成不规则的配位多面体 $[CaO_8]$；整个结构为 $[CaO_8]$ 多面体与 $[SO_4]$ 以角顶相连接而成。Ca（CN）=8；S（CN）=4；O（CN）=3。

鉴定特征：晶体呈厚板状、柱状及等轴状，双晶为聚片双晶或接触双晶，集合体呈粒状块状、纤维状；颜色呈白色—浅红—浅蓝色等；具有假立方体解理，解理面呈珍珠光泽；硬度较低；密度小 。

成因与用途：硬石膏主要为外生化学沉积产物，大量形成于盐湖中；也可形成于热液交代的矽卡岩矿床中。可作为胶凝材料用于造型、塑像、医疗、造纸及水泥等行业中。

5. 石膏（生石膏）★（Gypsum，$Ca[SO_4]\cdot 2H_2O$）

化学成分：常含黏土、有机质等机械混入物。

晶体结构：单斜晶系；对称型 2/*m*。晶体结构中 Ca^{2+} 与 $[SO_4]$ 四面体连接，平行于 {010} 形成双结构层，双层间通过水分子连接。Ca（CN）= 8。

鉴定特征：晶体呈板状或粒状，晶面具有纵纹；双晶为燕尾双晶；集合体呈致密块状、土状、肾状、片状，细粒块体称雪花石膏，纤维状者称纤维石膏。颜色呈无色—白色—灰黄色—浅褐色等，无色透明晶体称透石膏；解理面呈珍珠光泽；纤维集合体呈丝绢光泽；硬度很低；解理平行 {010} 极完全；密度小。

成因与用途：石膏主要为外生化学沉积产物，形成于湖相沉积岩中，也形成于低温热液矿床中；用途广泛，主要用于水泥、造型、造纸等工业中，也可作为医学材料。

6. 芒硝*（Mirabilite，$Na_2(H_2O)_{10}[SO_4]$）

化学成分：很纯净。

晶体结构：单斜晶系；对称型 2/*m*。晶体结构中 Na^+ 与 6 个 H_2O 形成 $[Na(H_2O)_6]$ 八面体水化阳离子与 $[SO_4]$ 四面体结合；其余 4 个 H_2O 分子分布于二者之间，以氢键结合。

鉴定特征：晶体呈针状、柱状，集合体呈致密块状、纤维状、皮壳状、粉末状；颜色呈无色或白色，有时可带浅黄色—浅蓝色—浅绿色；具玻璃光泽；解理平行 {100} 完全；断口呈贝壳状；硬度极小；性极脆；密度极小；极溶于水，味苦而清凉。

成因与用途：芒硝为干涸盐湖的化学沉积产物，用于制碱、造纸、玻璃、人造纤维和医药等工业中。

7. 胆矾（Chalcanthite，$Cu[SO_4]\cdot 5H_2O$）

化学成分：含有 Fe、Zn、Co、Mn、Mg 等元素。

晶体结构：三斜晶系；对称型 $\bar{1}$。晶体结构中 Cu^{2+} 与 4 个 H_2O 分子及 2 个 $[SO_4]$ 四面体的 2 个 O^{2-} 结合成 $[CuO_2(H_2O)_4]$ 配位八面体，另一个 H_2O 分子则分布于四面体与八面体之间。

鉴定特征：单晶体呈厚板状、短柱状，集合体呈钟乳状、肾状、致密块状、粒状、纤维状或皮壳状；颜色呈天蓝色—蓝色；透明—半透明；解理 {110} 不完全；性极脆；断口呈贝壳状；硬度低；密度小；极溶于水，水溶液呈蓝色；味苦。

成因与用途：胆矾为含铜硫化物氧化分解的产物，可作为杀虫剂、颜料和化工原料。

8. 明矾石*（Alunite，$KAl_3(SO_4)_2(OH)_6$）

化学成分：常有 Fe 替换 Al，Na 代替 K。Na > K 者称钠明矾石，富含吸附水、呈胶状者称黄钾明矾。可含稀土元素。

晶体结构：三方晶系；对称型 $\bar{3}m$。晶体结构中 K^+ 分布于菱面体格子 8 个角顶，Al^{3+} 位于 2 个 K^+ 中间，2 个角顶相对于 $[SO_4]$ 处在平行于 *c* 轴方向上，底面指向两个 K^+，在 2 个 K^+ 之间 1/3 和 2/3 位置上；OH^- 平行于（0001）成层，分布于 $[SO_4]$ 层与 Al^{3+} 层之间。K^+ 与周围 3 个 $[SO_4]$ 中 6 个 O^{2-} 及其上下 6 个 OH^- 相连形成不规则配位多面体 $[KO_6(OH)_6]$；Al^{3+} 与临近的 2 个 $[SO_4]$ 中的 2 个 O^{2-} 和 4 个 OH^- 相连形成不规则八面体 $[AlO_2(OH)_4]$。K（CN）= 12；Al（CN）= 6；S（CN）= 4。

鉴定特征：呈假立方状、菱面体状，集合体粒状、土状、纤维状；颜色呈白色，常带有浅灰色、浅黄色、浅红色调；条痕呈白色；透明；具玻璃光泽；解理面呈珍珠光泽，解理 {0001} 中等；断口呈贝壳状或片状；硬度低；密度小。

成因与用途：明矾石为含硫酸低温热液作用于中酸性火成岩的蚀变产物，可作为提取明矾和制造钾肥的矿物原料。我国浙江苍南矾山为著名产地。

9. 独居石（磷铈镧矿）★（Monazite，（Ce，La，…）PO_4）

化学成分：常含 Th，当 Th 代替 Ce 时，则 $[SiO_4]$ 代替 $[PO_4]$；Ca+$[SO_4]$ 可取代 TR+$[PO_4]$，富含 Ca、Th、U 者称富钍独居石 。

晶体结构：单斜晶系；对称型 2/*m*。晶体结构由孤立 $[PO_4]$ 组成，沿 *c* 轴方向 $[PO_4]$ 与 TR 相间排列；TR 连接周围 6 个 $[PO_4]$ 四面体中的 9 个角顶 O^{2-} 构成不规则配位多面体 $[TRO_9]$。TR（CN）= 9。

鉴定特征：单晶体常呈板状，或粒状晶形，颜色呈棕红色—黄褐色（黄绿色）；具油脂光泽或树脂光泽；解理 {100} 完全；断口呈贝壳状；硬度中等；密度很大；具有放射性；在紫外光下发艳绿色荧光。

成因与用途：独居石产于碱性、酸性岩浆岩中，也可出现于片麻岩中，外生可形成砂矿；它可作为提取稀土元素矿物原料。

10. 磷灰石★（Apatite，$Ca_5[PO_4]_3$（F，Cl，OH））

化学成分：稀土元素及 Sr 可进入晶格中；附加阴离子中以 F^- 为主者称氟磷灰石，以 OH^- 为主者称羟磷灰石，以 Cl^- 为主者称氯磷灰石，以 $[CO_3]^{2-}$+（OH）代替 $[PO_4]$ 者称碳磷灰石。这些阴离子间发生完全类质同象替代，以氟磷灰石为常见。

晶体结构：六方晶系；对称型 6/*m*。结构为 Ca^{2+} 与 6 个 $[PO_4]$ 中的 9 个 O^{2-} 形成 $[CaO_9]$ 不规则配位多面体，呈三方柱状，以棱和角顶相互连接成沿 *c* 轴方向延伸的链，链间由 $[PO_4]$ 连接形成平行于 *c* 轴的孔道，附加阴离子 Cl^-、F^-、OH^- 与其上下层中 6 个 Ca^{2+} 构成 [（F，Cl，（OH））Ca_6] 配位八面体，充填在孔道中排列成链状，可构成缺席的无序至有序结构；与 F^- 形成配位八面体的 Ca^{2+} 则与周围 4 个 $[PO_4]$ 上 6 个 O^{2-} 形成 $[CaO_6F]$ 不规则配位多面体连接链。Ca（CN）= 7 与 9。

鉴定特征：单晶体常呈六方长柱状、短柱状、厚板状、板状，集合体呈致密块状、粒状、结核状；颜色呈浅绿色—浅蓝色—绿黄色—黄绿色—浅紫色或褐红色、烟灰色等；断口呈油脂光泽；断口呈贝壳状、不平坦状；硬度中等；密度中等；加热可出现磷光。

成因与用途：磷灰石形成环境广泛，在碱性岩、沉积岩及沉积变质岩中形成的规模大。具有隐晶质或胶状构造的磷灰石称胶磷矿，为浅海沉积成因；生物化学成因形成的磷矿由动物骨骼或粪便形成的羟磷灰石组成。可作为提取磷的原料，晶体透明、颜色漂亮者可作为宝石原料。

11. 绿松石（土耳其玉）★（Turquoise，$CuAl_6[PO_4]_4(OH_8)\cdot 5H_2O$）

化学成分：常含有 Zn、Fe 等元素，铁可代替成分中部分铝富含 Fe 者称磷铜铁矿；Zn 与 Cu 形成不完全类质同象替代，含 Zn 者称锌绿松石 。

晶体结构：三斜晶系；对称型 $\bar{1}$ 。

鉴定特征：常呈隐晶质致密块状、结核状、豆状、葡萄状、瘤状、姜状、皮壳状等集合体；颜色呈鲜艳的天蓝色、淡蓝色、湖蓝色、蓝绿色、黄绿色及苹果绿等；条痕呈白色或浅绿色；具蜡状光泽；解理 {001} 完全；硬度中等；密度小。

成因与用途：绿松石为含铜硫化物及含磷铝岩石经风化淋滤而形成的。我国绿松石产地主要在湖北郧西。优质绿松石为高档的玉雕原料。

12. 蓝铁矿（Vivianite，$Fe_3[PO_4]_2 \cdot 8H_2O$）

化学成分：常含有 Mn、Ca 等元素。

晶体结构：单斜晶系；对称型 2/*m*。晶体结构中 Fe^{2+} 与 2 个 $[PO_4]$ 中的 2 个角顶 O^{2-} 及 4 个 H_2O 构成八面体 $[FeO_2(H_2O)_4]$，Fe^{2+} 与 4 个 $[PO_4]$ 中的 6 个 O^{2-} 及 4 个 H_2O 构成共棱的双八面体 $[Fe_2O_6(H_2O)_4]$；$[PO_4]$ 沿（010）面将两种八面体连接成层，层间以 H_2O 分子氢键连接，使其具有 {010} 极完全解理。

鉴定特征：单晶体呈柱状、针状，集合体呈放射状、肾状、球状、土块状；新鲜者无色，氧化呈浅蓝至暗蓝色；解理面呈珍珠光泽；解理 {010} 极完全；薄片易弯曲；易切割；硬度极小；密度中等 。

成因与用途：蓝铁矿为还原条件下形成的矿物，产于富含 P 的沉积铁矿和泥碳中，可作为磷矿或染料。

13. 铜铀云母（Torbernite，$Cu[UO_2]_2[PO_4]_2 \cdot 12H_2O$）、钙铀云母（Autunite，$Ca[UO_2]_2[PO_4]_2 \cdot 10\sim12H_2O$）

化学成分：可含 Mn、Fe、Mg、Ba、Zn、Co、K 等元素。温度升高，部分脱水使铜铀云母变为钙铀云母。

晶体结构：四方晶系；对称型 4/*mmm*。晶体结构中 $[PO_4]$ 四面体被哑铃状 $[UO_2]$ 连接成平行于（001）的层，层间 H_2O 与 Cu^{2+}（Ca^{2+}）排列成四方形以氢氧键与层连接，使晶体具有 {001} 极完全解理。

鉴定特征：晶体呈细小四方板状，集合体呈鳞片状或被膜状；铜铀云母呈翠绿色，钙铀云母呈柠檬黄色；具玻璃至金刚光泽，解理面呈珍珠光泽；解理 {001} 极完全；硬度低；密度较大；紫外光下具有黄绿色荧光。

成因与用途：产于铀矿床氧化带中，可作为提取铀的矿物原料。

14. 硼砂*（Borax，$Na_2(H_2O)_8[B_2B_2O_5(OH)]_4$

化学成分：成分纯净。

晶体结构：单斜晶系；对称型 2/*m*。晶体结构中 Na^+ 与 6 个 H_2O 构成 $[Na(H_2O)_6]$ 配位多面体，共棱形成沿 *c* 轴延伸的链，以氢键与由 2 个 $[BO_2(OH)]$ 加 2 个 $[BO_3(OH)]$ 构成的沿 *c* 轴延伸的链相连接，形成平行于（100）的层，层间由氢键连接，使晶体具有 {100} 解理。

鉴定特征：单晶体常呈短柱状或厚板状，集合体呈晶簇状、粒状、土状、散粒状、泉华状、豆状、皮壳状等；颜色呈白色（微带灰、蓝、绿色调）；解理 {100} 完全；硬度小；断口呈贝壳状；密度很小；易吸水，易溶于水；味甜带咸。

成因与用途：硼砂产于干旱地区盐湖和干枯盐湖的蒸发沉积物中，为最主要的提取硼的矿物原料。我国拉萨附近盐湖沉积硼砂矿床世界著名。

15. 硼镁铁矿（Ludwigite，$(Mg,Fe)Fe[BO_3]O_2$

化学成分：成分中 Mg 与 Fe 呈完全类质同象置换，Mg>Fe 者称镁硼镁铁矿，Fe>Mg 者称铁硼镁铁矿。可含 Al 、Mn 、Ti 等元素，富含 Ti 者称钛硼镁铁矿。

晶体结构：斜方晶系；对称型 *mmm*。结构为金属 M 的阳离子与 6 个 O^{2-} 构成 $[MO_6]$ 配位多面体，以棱相连形成锯齿状链，链间由 $[BO_3]$ 三角形连接。

鉴定特征：单晶体呈针状、柱状、毛发状，集合体呈纤维状、放射状、粒状、致密块状；颜色呈暗绿色至黑色；光泽暗淡，纤维状集合体呈丝绢光泽；硬度中等；密度较大；粉末具弱磁性。

成因与用途：硼镁铁矿主要产于接触交代形成的镁质矽卡岩中，可作为提取硼的矿物原料。

16. 硼镁石（Ascharite，$Mg_2[B_2O_4(OH)](OH)$）

化学成分：成分中 Mg 可被 Mn、Fe 代替。

晶体结构：单斜晶系；对称型 2/*m*。晶体结构中 Mg^{2+} 与周围 3 个 O^{2-} 及 3 个 OH^- 构成 $[MgO_3(OH)_3]$ 配位多面体，共棱形成沿 *c* 轴方向延伸的链，链间由 $[B_2O_4(OH)]$ 双三角形络阴离子连接。

鉴定特征：单晶体呈柱状、针状、板状，集合体呈纤维状、致密块状；颜色呈白色—灰白色—浅绿色—黄色；具丝绢—土状光泽；纤维不能弯曲；解理 {110} 完全；硬度小；密度小。

成因与用途：硼镁石主要产于接触交代矽卡岩型矿床及热液交代型矿床中，也可产于外生沉积矿床中；可作为提取硼的矿物原料。

17. 方硼石（Boracite，$Mg_3[B_3B_4O_{12}]O$）

化学成分：成分中 Mg 可被 Mn 、Fe 全部替代，形成锰方硼石、铁方硼石。

晶体结构：α- 方硼石：斜方晶系；对称型 *mm*。β- 方硼石：对称型 $\bar{4}3m$ 。晶体结构为由 $[BO_3]$ 与 $[BO_4]$ 相互以角顶共用形式连接成的具有大空腔的三维空间架状结构。Mg^{2+} 与 O^{2-} 则位于大空腔中。

鉴定特征：单晶体常按 β- 方硼石呈假象立方体、四面体、菱形十二面体的聚形，集合体呈粒状、细粒状、纤维状、羽毛状；颜色呈无色、白色、灰色、黄色及绿色；具玻璃—金刚光泽；断口呈贝壳状；硬度大；密度中等；具有强压电性与焦电性。

成因与用途：方硼石产于海相盐类沉积矿床中部分锰方硼石可作为稀少宝石。

18. 白钨矿★（Scheelite，$Ca[WO_4]$）

化学成分：常含 Mo、Mn、Cu、Nb、Ta、U、Ir、Ce、Pr、Sm、Zn、Nd 等与 Ca、W 呈类质同象置换的元素。W 与 Mo 可形成完全类质同象系列。含 24% Mo 者称钼白钨矿，含 7% Cu 者称铜白钨矿。

晶体结构：四方晶系；对称型 4/*m*。 结构为稍扁平 $[WO_4]$ 与 Ca^{2+} 沿 *c* 轴呈四次螺旋式相间排列而成；Ca^{2+} 与周围的 4 个 $[WO_4]$ 中的 8 个 O^{2-} 构成 $[CaO_8]$ 不规则多面体。Ca（CN）=8。

鉴定特征：晶体呈四方双锥状（假八面体）状，晶面常见斜条纹；集合体呈粒状或块状。颜色呈白色、浅黄色—浅绿色—橘黄色—橘红色；具油脂—金刚光泽；透明—半透明；硬度中等；断口呈参差状；密度很大；具发光性，在紫外光下发浅蓝色—黄色荧光。

成因与用途：白钨矿主要产于接触交代矿床中，也可产于气成高温热液矿床中；为重要炼钨矿物原料，色美者可作为宝石原料。

19. 钼铅矿（Wulfenite，$Pb[MoO_4]$）

化学成分：可含 Ca、W、V、U 等呈类质同象替换的元素，其中富含 W 者称钨钼铅矿。

晶体结构：四方晶系；对称型 4/*m*。晶体结构为白钨矿型，即以 Pb^{2+} 替代白钨矿结构中 Ca^{2+} 的位置，Mo^{6+} 代替 W^{6+} 的位置；Pb—O 键有较强的极化效应，导致晶体结构出现明显的畸变。

鉴定特征：单晶体呈四方板状、双锥或锥状，集合体呈粒状或块状；颜色呈橙黄色—蜡黄色—橘黄色—橘红色—浅灰色—浅绿色；条痕呈白色；具金刚光泽，断口呈油脂光泽；透明—半透明；硬度小；密度很大 。

成因与用途：钼铅矿为外生成因，常见于铅锌矿床氧化带中，也见于低温热液矿床中；可作为提取铅钼的矿物原料。

20. 铬铅矿（Crocoite，$Pb[CrO_4]$）

化学成分：成分中可有 SO_4^{2-} 置换 CrO_4^{2-}，也可含 Ag 、Zn 等元素。

晶体结构：单斜晶系；对称型 2/*m*。晶体结构类似于铅矾晶体结构。

鉴定特征：单晶体呈长柱状或假菱面体状；颜色呈鲜橘红色；条痕呈橘黄色；具金刚光泽；解理 {110} 中等；性脆；硬度小；密度很大。

成因与用途：铬铅矿产于超基性岩附近含铅矿床氧化带中，可作为提取铬和铅的矿物原料。

四、实验报告记录格式与观察要求

实验报告记录格式同前。在观察标本时，注意对其颜色、光泽的鉴定要仔细、准确。

五、课外作业

（1）硫酸盐矿物中，阳离子与硫氧四面体结合具有什么特征？它们对矿物形态与物理性质有何影响？

（2）为什么硫酸盐矿物分布局限，稳定性差？

（3）对比其他的络阴离子团的组成特征及稳定性，说明它们对各自含氧盐矿物的形态、物理性质、形成环境及稳定性的影响。。

（4）Pb^{2+} 离子在自然界不同环境中均可形成独立矿物，为什么？

（5）Pb 为第四主族元素，为什么在自然界中仅形成 Pb^{2+} 的矿物？

（6）在含氧盐中，为什么 Ca^{2+}、Mg^{2+}、Fe^{2+}、Na^{+}、K^{+}、Al^{3+}、Ba^{2+}、Cu^{2+} 形成的矿物种类多？试指出这几种离子在矿物中出现的特征及形成的地质环境，并说明原因。

（7）为什么在硅酸盐及硼酸盐中络阴离子团之间的连接方式出现多种？

（8）硬石膏、石膏、重晶石如何区别？

（9）绿色磷灰石、天河石、绿柱石如何区别？

（10）白钨矿与石英如何区别？

实验十三　矿物的共生组合

一、实验前准备工作

复习教材中有关矿物的共生组合的内容，系统认识自然界各种地质作用中矿物共生组合规律，熟悉各种矿物在自然界稳定存在的条件与环境。

二、实验目的与要求

（1）掌握各种地质作用中矿物共生组合特征、可能出现的标型矿物和矿物的标型特征。

（2）在矿物各论实验的基础上，应用矿物共生组合的知识进一步巩固、提高鉴定矿物的能力。

（3）学会利用矿物共生知识来判断矿物的形成环境与条件，分析其形成的地质作用类型。

（4）学会利用矿物共生知识为找矿服务及全面充分利用矿物资源。

三、实验内容与方法

（一）内生作用矿物共生组合

1. 岩浆岩及其矿床中矿物共生组合

超基性岩或基性岩：橄榄石、斜方辉石、普通辉石、基性斜长石。

中性岩：斜长石、黑云母、普通角闪石、单斜辉石、榍石。

酸性岩：石英、钾长石、斜长石、黑云母、普通角闪石、榍石。

碱性岩：碱性长石、霞石、霓石、钠铁闪石。

超基性有关矿床矿物：铬铁矿、钒钛磁铁矿。

铜镍硫化物岩浆矿床矿物：磁黄铁矿、镍黄铁矿、黄铜矿。

2. 伟晶岩矿物共生组合

花岗伟晶岩：钾长石、斜长石、石英、白云母。

挥发性矿物：黄玉、绿柱石、电气石、锂辉石、锂云母。

3. 热液作用矿物共生组合

1）高温热液（W-Sn-Mo-Bi-Fe 组合）

金属矿物：黑钨矿、锡石、辉钼矿、毒砂、磁黄铁矿。

非金属矿物：石英、云母、黄玉、电气石、绿柱石。

2）中温热液　（Cu-Pb-Zn 组合）

金属矿物：黄铜矿、方铅矿、闪锌矿、黄铁矿。

非金属矿物：石英、方解石、硬石膏、重晶石、天青石、绿泥石。

3）低温热液（As-Sb-Hg 组合）

矿石矿物：雄黄、雌黄、辉锑矿、辰砂。

脉石矿物：石英、方解石、重晶石、蛋白石。

蚀变矿物：高岭石、明矾石、石英、绢云母、沸石。

（二）外生作用矿物共生组合

1）风化作用矿物共生组合

硅酸盐风化：铝土矿、褐铁矿、黏土矿物。

铜硫化物矿床氧化带：自然铜、赤铜矿、孔雀石、蓝铜矿。

锌硫化物矿床氧化带：菱锌矿、水锌矿。

矿物形态：多孔状、蜂窝状、钟乳状、皮壳状、被膜状、土状。

2）沉积作用矿物共生组合

海相沉积：赤铁矿、铝土矿、软锰矿、硬锰矿、方解石、白云石、菱镁矿、磷灰石。

矿物形态：致密块状、鲕状、豆状、肾状、结核状。

盐湖沉积：石盐、钾石盐、石膏、硬石膏。

（三）变质作用矿物共生组合（接触变质）

（1）热接触变质矿物共生组合。

石灰岩：方解石。

泥质岩：按温度分以下三类。

低温：红柱石。

中温：堇青石、石榴石、白云母。

高温：矽线石、正长石、刚玉。

（2）接触交代变质矿物共生组合。

① Mg 质矽卡岩。

早：镁橄榄石、尖晶石、透辉石、铁铝榴石、磁铁矿。

晚：硅镁石；斜硅镁石；蛇纹石，金云母。

② Ca 质矽卡岩。

早：透辉石、钙铁榴石、方柱石、硅灰石、符山石。

晚：透闪石、阳起石、绿帘石、绿泥石、方解石。

矿床矿物：黄铜矿、磁铁矿、白钨矿、黑钨矿、硼酸盐。

③泥质岩。

低：黑云母、白云母、绿泥石、石英、长石。

中：十字石、石榴石、黑云母、白云母、石英、长石。

高：矽线石、石榴石、刚玉、尖晶石、辉石、石英、长石。

④ Mg-Fe 质岩。

低：黑云母、绿泥石、长石、石英。

中：普通角闪石；堇青石；斜长石。

高：紫苏辉石、橄榄石、透辉石、基性斜长石、石榴石。

矿物形态：由于有定向压力，矿物呈柱状、片状定向排列。

说明：矿物名称下面画线者为该地质作用下形成的标型矿物。

四、实验注意事项

(1)不同成因类型的岩石和矿石的矿物共生组合不同,鉴定时要注意矿物种类和含量的差别,特别注意标型矿物的鉴定。

(2)注意地质条件的迭加与改造作用,使得一块标本上出现先后不同层次、不同期次的地质作用,所形成的矿物迭加使其呈现出复杂化,必须区分不同的共生组合矿物及反映地质作用的先后关系。

(3)由于对地质作用的认识处于初级阶段,要以抓住各主要地质作用的标型矿物特点。

五、课外作业

(1)形成岩浆作用的主要条件是什么?这些条件是怎样制约矿物的种类及含量的?

(2)风化作用的主要制约因素是什么?该条件下形成的矿物具有什么特点?其如何影响矿物?

(3)沉积作用的主要制约因素是什么?它形成的矿物共生组合有什么特点?

(4)热接触变质产生的条件是什么?它形成矿物有什么特征?

(5)接触交代可分为哪些类型?每种类型的矿物共生组合有什么特征?

(6)区域变质作用的制约条件是什么?它形成的矿物及其共生组合有什么特征?

参考文献

[1] 武汉地质学院矿物教研室. 结晶学及矿物学实习指导书 [M]. 北京：地质出版社，1989.

[2] 李胜荣. 结晶学与矿物学 [M]. 北京：地质出版社，2008.

[3] 叶松，李居佳，曹姝旻，等. 结晶学与宝石矿物学 [M]. 武汉：中国地质大学出版社，2015.

[4] 赵珊茸. 结晶学及矿物学（第三版）[M]. 北京：高等教育出版社，2017.

[5] 刘养杰. 结晶矿物学 [M]. 西安：西北大学出版社 2009.